湿地北京

Wetland in Beijing

崔丽娟　主编

北京出版集团公司
北京美术摄影出版社

生命的摇篮

历史文明的源头

人类文化传承的载体

编委会
THE EDITORIAL BOARD

本书由北京市园林绿化局资助出版

序
PREFACE

湿地是生命的摇篮，是历史文明的源头，是人类文化传承的载体。与人类历史长河中许多显赫名城一样，北京城发展的历程也是依水而建、傍水而生。北京建城3000多年、建都800多年一直保持旺盛的生命力经久不衰，与北京所拥有的优越湿地环境密切相关。因为湿地蕴含的水是万物生灵的源泉，是城市赖以存在和发展的根本条件和基础。

北京，古称燕、蓟、幽州，从一个诸侯国都邑发展为北方重镇，再到确立为国家的都城、中华人民共和国的首都，城市历史延绵3000多年。辽代，辽太宗将幽州升为陪都，称南京，又名燕京；金朝海陵王完颜亮在燕京建立都城，称中都，自此开启了北京作为都城800多年的历史。在这个历史长河中，北京城的发展与水息息相关，与蕴含水资源的湿地息息相关。北京城是在古永定河渡口的基础上发展形成的。与其说是水造就了北京城，不如说北京起源于湿地。历史上北京城的城址曾多次调整，但都以北京的某处湿地为其中心，近千年来，金时有西湖（现莲花池）傍于金中都，元时有积水潭和北海靠于元大都，明清时期紫禁城有北、中、南三海。

古时人们称北京是"苦海幽州湿地城"，得名于北京得天独厚的地理条件。西北有太行、西山、军都山环抱，高山拦截了南来的水汽，令充沛的雨水飘落古城，年降水量500—600毫米。平原容纳了奔腾的河流，为大地留下无数的水淀，宅门外、街巷间，曾经喷涌着1200多眼清泉。

500多年前，北京遍布湖泊、坑塘和沼泽，据明末崇祯年间编纂的《帝京景物略》记载，"水所聚曰淀，高梁桥西北十里，平地出泉焉。"至清朝时，北京仍

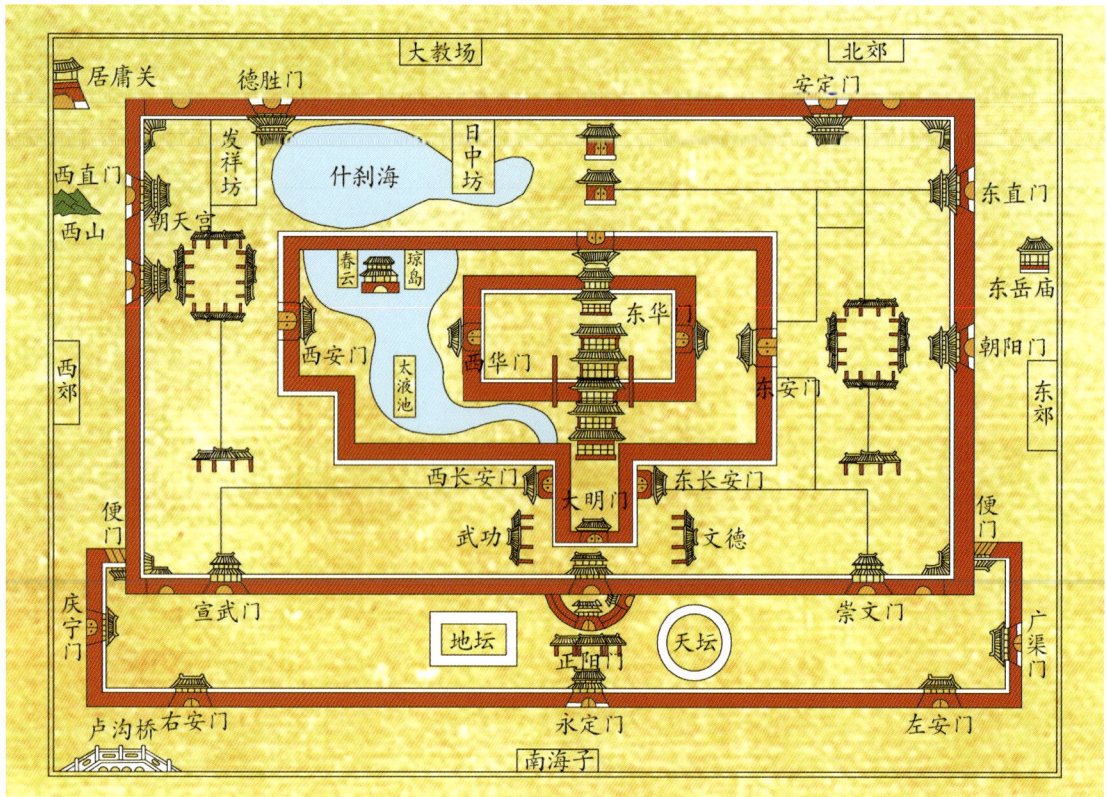

明世宗嘉靖四十一年（1562年）京城湿地分布图

保存着大面积湿地，乾隆皇帝钦定《日下旧闻考》曾有记载，北京西北郊湿地统称"海淀"，巴沟是海淀的泉水汇集之地，其中最大的水面是瓮山泊；清末《光绪顺天府志》记载京师和府属州县共有河沟140条，湖潭28个，有名的泉26个，同时还有大量无名泉眼，同书中记载，仅南苑内就有泉117眼。然而曾经河流纵横、湖沼众多、地下水源丰富的北京城，到如今，连母亲河——永定河的部分河段在丰水期都已无水流淌；原来烟波浩渺的密云水库也有部分区域变成了干地；平、枯水期北京城区内及周边"十库九旱""有河皆干"。现在对于北京来说，湿地已经变得弥足珍贵了。

CONTENTS | 目录

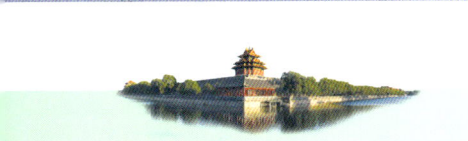

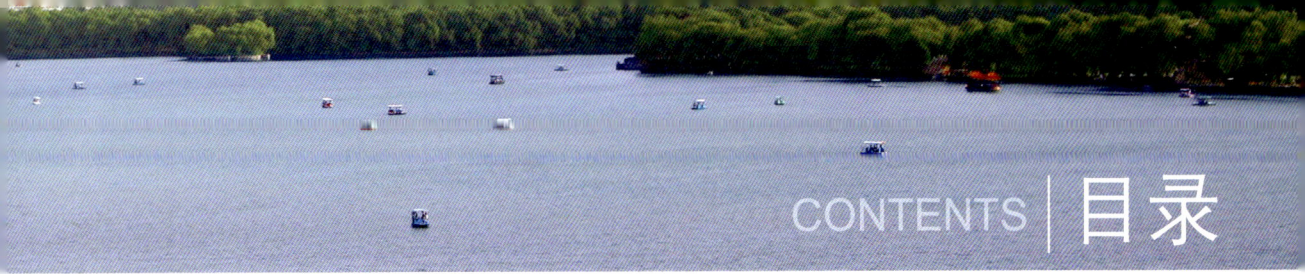

CONTENTS | 目录

第一章

湿地之城

韩广奇摄

　　历史上源于京西北的湿地经白石桥过善乐园（今动物园附近）后，向南延伸。近西直门关厢，则北有太平湖，南有今已名存实亡的积水潭。积水潭金代称白莲潭，元代称西海或海子，是原北京城西北角一处沼泽，水面很大。古人曾形容它为"鸳雁之地，水草丰茂"，其中一部分可能是今城内西海的前身。再往南，便是后海和前海。所谓什刹海，即此三海之统称，因旧时周边有10座寺庙而得名。什刹海紧邻北海、中海和南海，水皆相通（梁从诫，2002）。历史上京西泉水汇集，形成所谓巴沟，涵养了海淀湿地。"海淀"之名，明末刘侗等著《帝京景物略》已有记载。据《日下旧闻考》："淀，泊属，浅泉也。今京师有南（海）淀、北（海）淀，近畿则有方淀、三角淀、大淀、小淀……凡九十九淀。"[①]当时以"淀"命名的大小水面遍布北京近郊，可见湿地范围之广。如今的京城，北有潮白河、西有永定河、南有大清河，3个水系环绕周边。由此可见，历史上无论是北京城内还是城外，都是水系纵横、湿地遍布之景象。然而，随着人类社会的发展，湿地逐渐因围垦、污染、占用等活动而减少。现在，湿地已经成为了北京的稀缺资源。

① 北京古籍出版社2000年版，七十九卷1316页，共记具体淀名45处，本书从略。

一 北京湿地变迁

　　在 25 亿年前至 6 亿年前的元古代，华北地区的古陆尚未形成，北京地区也是一片汪洋大海。在侏罗纪晚期至白垩纪，我国大部分地区发生了强烈的地壳运动，这一时期的地质活动因以北京附近的燕山为标准地区而得名"燕山运动"，此时北京地区尚浸没于浅海之中，北部的燕山山脉和西部的太行山山脉逐渐隆起，形成"北京湾"。这种地貌使来自西伯利亚的大陆性冷气团与自海面上生成的暖湿气团易于在本地区相遇而形成充沛降水，为湿地的发育打下了良好的基础。当海水消退之后，海滩逐渐被内陆湿地所取代。有关地质学研究显示，亿万年前的北京曾经分布有许多坑塘洼地、河流和湖泊，是北京河流水系成型的时期。据第四季沉积物的研究确定，旧石器时期北京的王府井地区为河漫滩。西北高、东南低的地形给河道创造了顺畅的流向，也导致了北京市湿地主要分布于东南部海拔较低的平原地带。

　　根据地质学、地貌学、水文学和土壤学等地质地理学知识推演的亿万年前北京湿地可能的分布范围见图 1-1。当时的北京境内湿地遍布于平原和山谷地带，其面积达到了 8400 平方公里左右，约占整个北京面积的 50%。

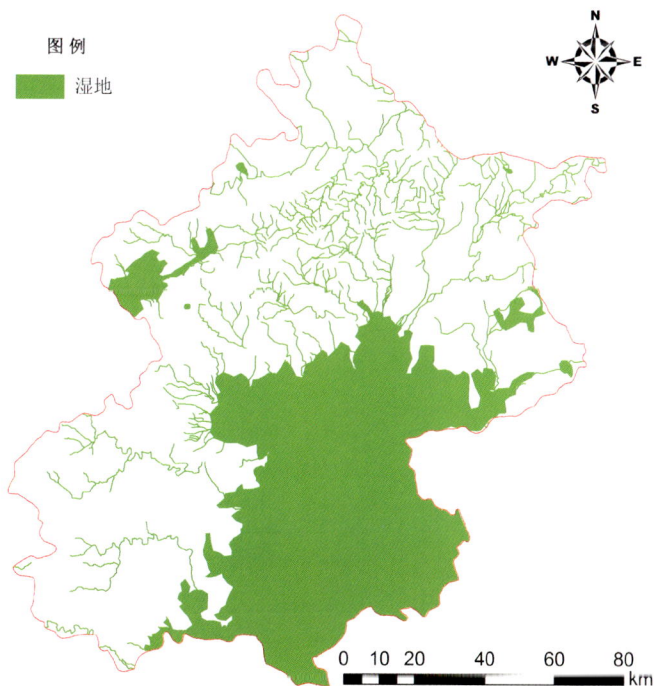

图1-1　亿万年前北京湿地分布推测图

专栏1

亿万年前北京湿地分布范围推演

据现代科学考证，北京市水系形成于亿万年前。如何重建亿万年前北京湿地曾经的分布区域？地质学、地貌学、水文学和土壤学给了我们重现历史的机会。我们依据地质学、地貌学、水文学和土壤学知识，利用地理信息系统技术结合北京地形和地貌（图1-2），同时借助于潮土分布状况（图1-3）与河道分布情况（图1-4）来推演亿万年前北京地区主要湿地分布范围（图1-1）。潮土之所以可以用来推断湿地分布情况，主要依据潮土的形成特点和土壤物理特性。潮土是河流沉积物受地下水运动和耕作活动影响而形成的土壤，因有夜潮现象而得名，属半水成土，分布于地势平坦、土层深厚的区域。多数国家称此类土壤为冲积土或草甸土。美国的《土壤系统分类》将其列为冲积新成土亚纲。在中国曾称冲积土，后又相继易名为碳酸盐原始褐土、浅色草甸土和淤黄土，1959年全国第一次土壤普查后定为现名。潮土集中分布于河流冲积平原、三角洲泛滥地和低阶地。在中国，多分布于黄河中、下游的冲积平原及其以南江苏、安徽的平原地区和长江流域中、下游的河、湖平原和三角洲地区。

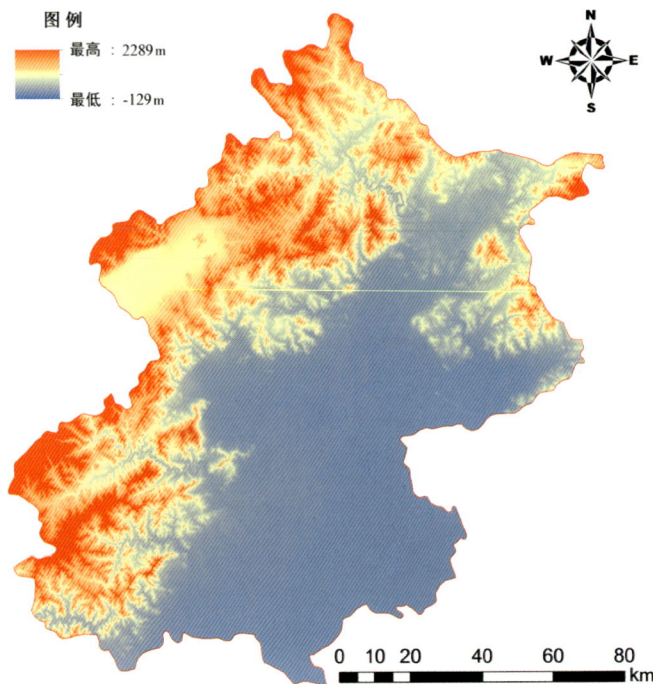

图1-2 北京地形地貌图（国际科学数据服务平台，2005）

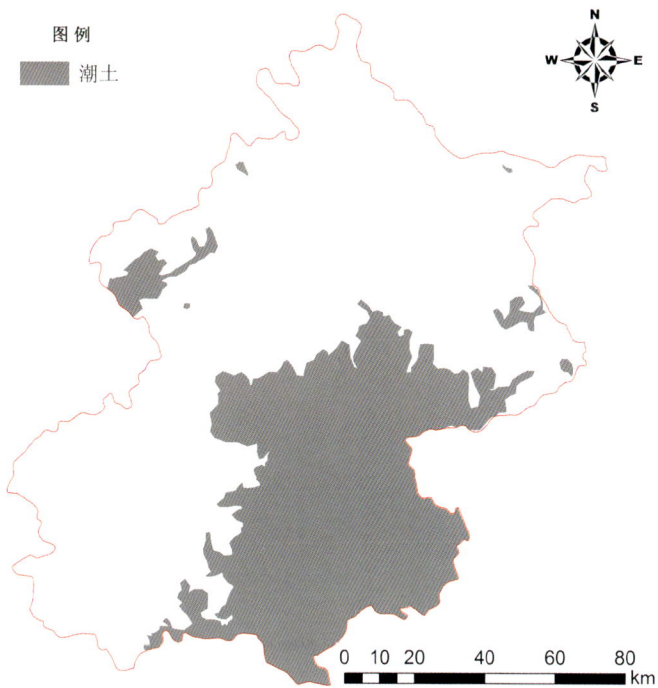

图例
潮土

图1-3 北京潮土分布
范围（北京市土壤资
源管理信息网，1980）

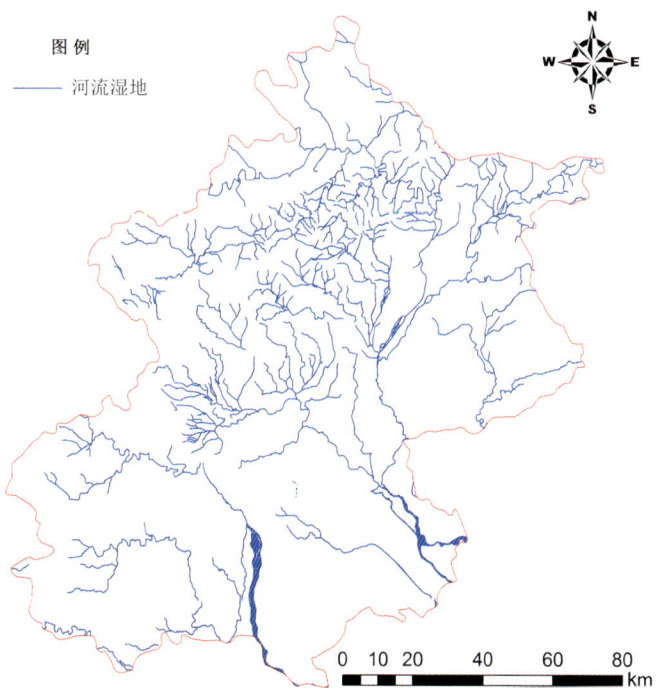

图例
—— 河流湿地

图1-4 北京河道分
布图（中巴卫星遥感
绘制，2009）

❖ (一) 沧海桑田——北京湿地变化

　　根据1573年北京城古地图与高程数据分析结果显示，当时北京湿地面积曾达5700平方公里，约占北京市总面积的三分之一，主要分布于平原地带，史料记载当时的湿地类型主要有沼泽湿地、河流湿地、天然池塘和人工蓄水设施等。而据20世纪50年代的地形图分析，新中国成立初期的北京湿地面积（包括沼泽湿地、河流湿地、水稻田、人工渠以及库塘湿地等类型）总计2568.23平方公里，占北京市总面积的15.28%（图1-5和表1-1），其中沼泽湿地面积最大，达到2159.42平方公里；其次是水稻田湿地，面积达到201.00平方公里；人工渠面积最小，仅为12.01平方公里。另据水稻土分布情况反演得出历史上北京市水稻田曾经分布的范围图（图1-6），显示水稻田主要分布于中部的东城区和西城区以及顺义区、西北部的延庆县和南部的房山区。

　　除了气候趋于干旱等不可抗拒的自然因素之外，随着社会经济的发展，人口膨胀、城市扩张、地类调整、建库截流、农田土地整治等人为因素成为北京湿地严重退化、面积急剧减少的最主要原因。

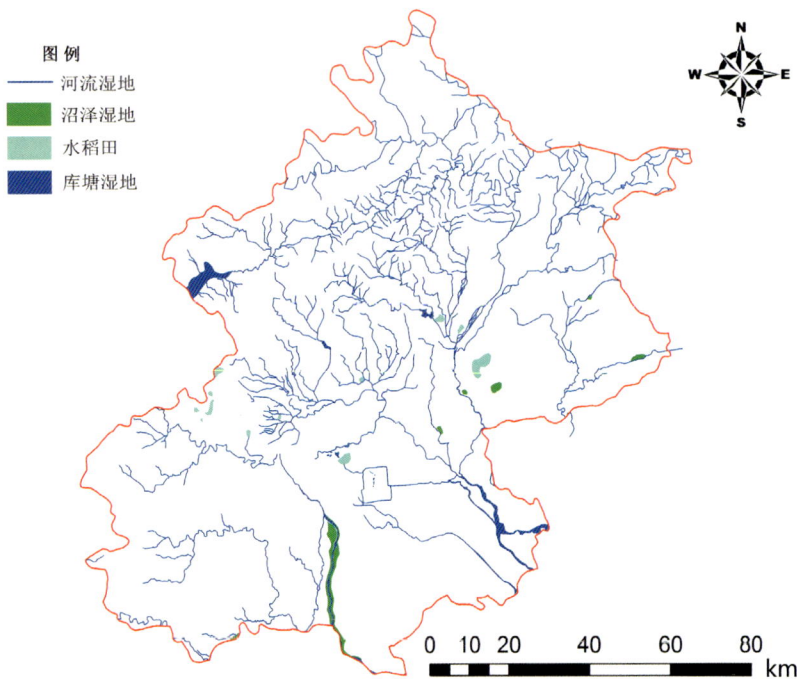

图1-5　1950年北京湿地分布图（根据1950年地形图绘制）

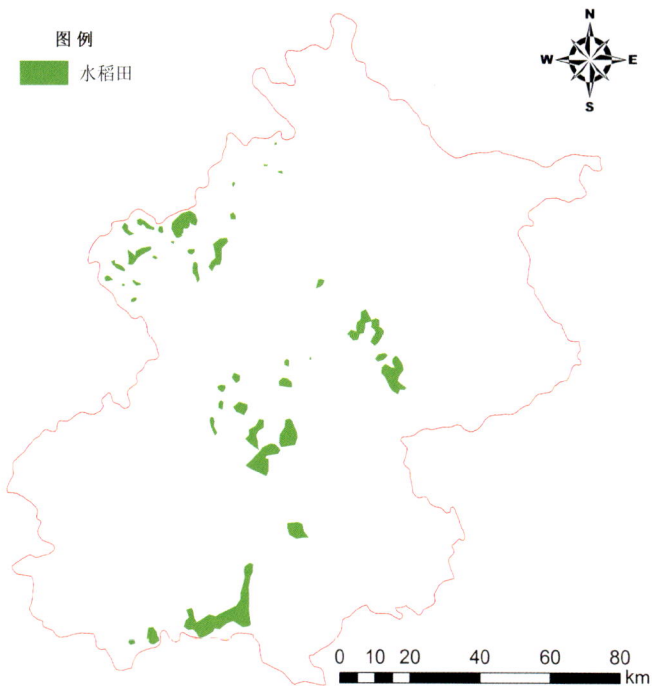

图1-6 北京水稻田分布范围（北京市土壤资源管理信息网，1980）

由于大量生活污水和生产废水的排放，许多湿地一度成为生产、生活污水的承载区，致使北京湿地水质曾严重恶化。随着北京市水系整治工作的开展和城市污水处理能力的提高，湿地水体的水质逐年改善，水质达标率逐年提高，但仍有相当面积的湿地水体污染较为严重。2000年以来，北京市水体污染最严重的是河流湿地，全市河流湿地中近60％的河段均受到不同程度的污染，水体富营养化较为严重，导致湿地纳污和降解污染物的能力严重下降，生态结构遭到破坏，生态功能退化。湿地退化使人居环境质量下降，影响人民生活。

20世纪80年代北京湿地面积出现缩减趋势。1984年北京湿地总面积缩减到765.93平方公里，占北京市总面积的4.56％，其中沼泽湿地、水稻田和河流湿地面积均有不同程度的缩减，而库塘湿地和人工渠湿地有所增加（表1-1）。尽管到1989年北京城市湿地面积相对于1984年有所增加，但与1950年相比还是缩减了10.23％，湿地面积仅占北京市总面积的5.05％，其中沼泽湿地面积缩减幅度较大，较1950年缩减了1771.74平方公里，而库塘湿地面积有所增加。

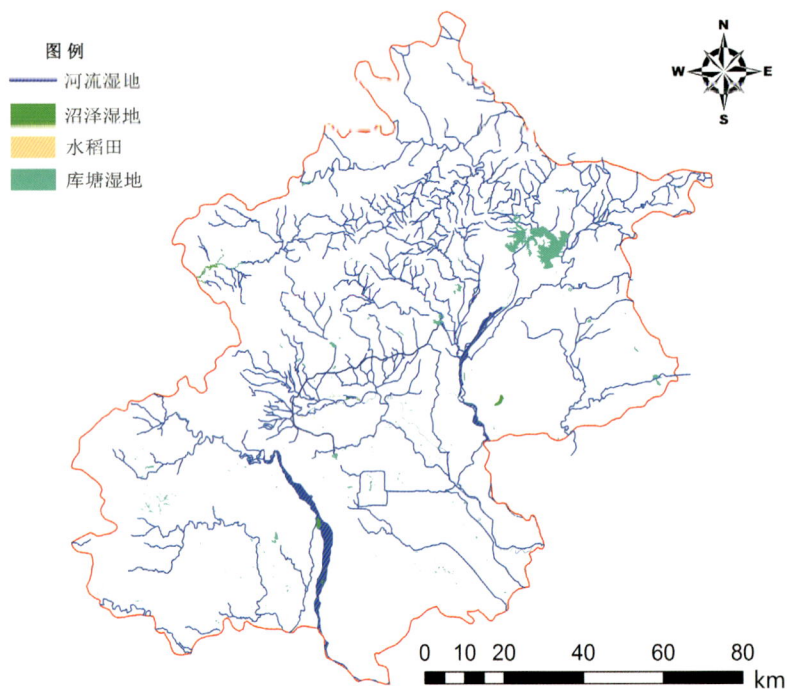

图例
── 河流湿地
▇ 沼泽湿地
▇ 水稻田
▇ 库塘湿地

0 10 20　40　60　80 km

图1-7　2009年北京湿地分布图（中巴卫星遥感数据绘制，2009）

　　20世纪90年代北京湿地面积缩减趋势得到缓解。1992年湿地总面积为817.89平方公里，占北京市总面积的4.69%，其中库塘湿地面积为323.15平方公里，首次超过沼泽湿地面积（309.25平方公里），人工渠面积变化较小，水稻田面积变化不大；1996年北京湿地总面积为865.68平方公里，占北京市总面积的5.15%，其中库塘湿地、河流湿地和人工渠面积呈增加趋势，而沼泽湿地进一步减少，面积已经下降到260.01平方公里；1998年北京湿地总面积已经缩减到854.19平方公里，占北京市总面积的5.08%，其中沼泽湿地明显减少，其次是库塘湿地，而水稻田湿地类型明显增加，达到190.00平方公里（表1-1）。

　　进入21世纪以来，北京城市湿地面积缩减幅度进一步加大。2002年相对于1998年缩减的湿地面积占北京市总面积的1.86%，合计减少了312.07平方公里，其中以库塘湿地和水稻田减少幅度最大，其他湿地类型也呈下降趋势；2003年相对于2002年缩减的湿地面积占北京市总面积的0.02%，主要体现在沼泽湿地和水稻田方面，而库塘湿地有所增加；2004年北京湿地总面积下降到历史最低点，为506.60平方公里，占北京市总面积的3.01%，其中以库塘湿地缩减幅度最大；到2009年北京城市湿地面积为526.38平方公里，其中沼泽湿地面积进一步减少至159.88平方公里，河流湿地面积相对于2004年有所增加，这与北京市开展河道整治和河流湿地恢复有一定的关系。从表

1-1、图1-7及图1-9看出，2009年北京湿地面积略有增加，占全市面积的3.13%。

从1950年到2009年的近60年期间，北京湿地面积缩减了2041.85平方公里，缩减率达79.50%，其中水稻田和沼泽湿地类型缩减幅度最为明显，而人工湿地中的库塘湿地和人工渠湿地类型呈增加趋势，自然湿地中的河流湿地面积缩减趋势不是很明显，60年间仅缩减了2.46平方公里。这主要是由于城市建设、工农业和旅游业发展给湿地带来了很大的负担。此外，自然气候的变化也导致北京湿地"缩水"。

表1-1　北京湿地面积变化

年份	面积（平方公里）						占北京市面积比例(%)
	库塘湿地	河流湿地	水稻田	人工渠	沼泽湿地	总面积	
亿万年前	—	—	—	—	—	约8400	约50
1573	—	—	—	—	—	约5700	约33
1950	100.25	95.55	201.00	12.01	2159.42	2568.23	15.28
1984	144.70	54.30	119.58	18.10	429.25	765.93	4.56
1989	268.52	55.56	119.59	16.84	387.68	848.18	5.05
1992	323.15	53.20	119.57	12.71	309.25	817.89	4.69
1996	389.17	86.24	116.01	14.25	260.01	865.68	5.15
1998	358.01	90.78	190.00	17.18	198.22	854.19	5.08
2002	275.34	64.82	17.58	14.62	169.76	542.12	3.22
2003	279.34	64.82	16.00	14.62	162.99	537.77	3.20
2004	236.40	78.24	15.00	15.96	161.00	506.60	3.01
2009	236.45	93.09	14.00	22.96	159.88	526.38	3.13

注：北京市面积16807.8平方公里。

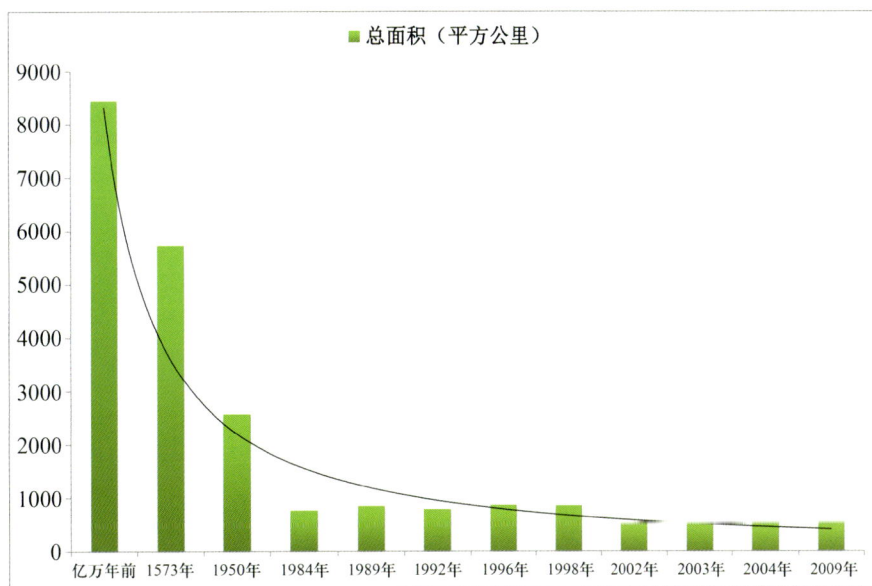

图1-8 北京城市湿地总面积变化图

1950年

库塘湿地
4%
河流湿地
4%
水稻田
8%
人工渠
0%
沼泽湿地
84%

1984年

库塘湿地
19%
河流湿地
7%
水稻田
16%
沼泽湿地
56%
人工渠
2%

1989年

沼泽湿地
46%
库塘湿地
32%
水稻田
14%
河流湿地
6%
人工渠
2%

1992年

沼泽湿地
38%
库塘湿地
39%
水稻田
15%
人工渠
2%
河流湿地
6%

1996年

沼泽湿地
30%
库塘湿地
45%
水稻田
13%
河流湿地
10%
人工渠
2%

1998年

人工渠
2%
沼泽湿地
23%
库塘湿地
42%
水稻田
22%
河流湿地
11%

2002年

沼泽湿地
31%
库塘湿地
51%
人工渠
3%
河流湿地
12%
水稻田
3%

2003年

沼泽湿地
30%
库塘湿地
52%
人工渠
3%
河流湿地
12%
水稻田
3%

2004年

沼泽湿地
32%
库塘湿地
47%
人工渠
3%
河流湿地
15%
水稻田
3%

2009年

沼泽湿地
30%
库塘湿地
43%
人工渠
4%
河流湿地
18%
水稻田
3%

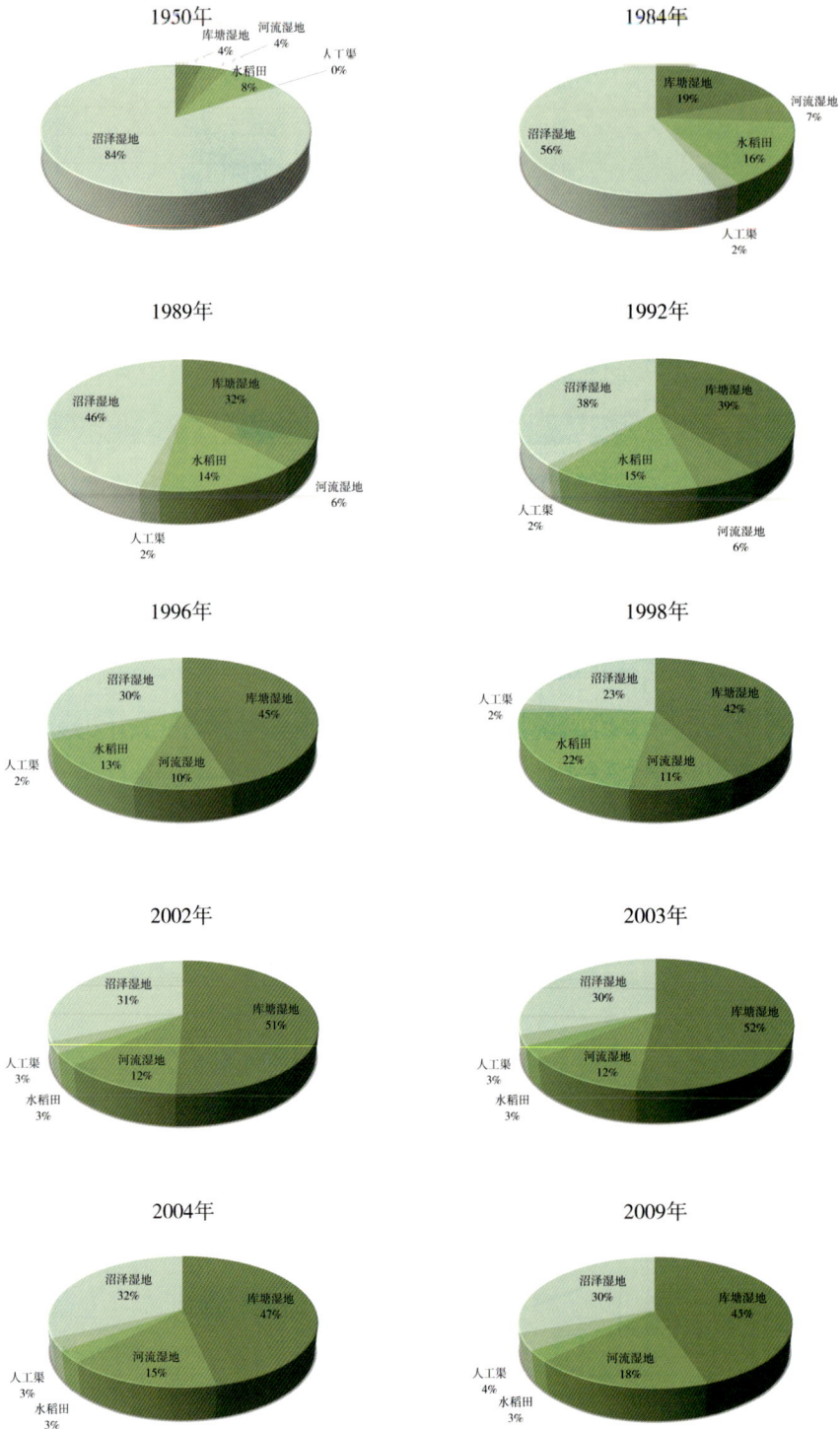

图1-9 不同时期北京市不同类型湿地面积百分比

❖（二）时过境迁——主要湿地类型变化

（1）河流湿地变化

永定河，可称得上是北京的母亲河，历史上曾称湿水、灅水、桑干河、浑河、无定河和卢沟河。古代永定河的支流曾从石景山北麓劈出，流向京西北山前平原，滋养了生活于此的百姓。三国时期，魏国镇北将军刘靖率数千屯边军士开车箱渠，引浑河灌溉蓟南北，车箱渠也是北京地区最早的水利工程，《水经注》曾记载：水流乘车厢渠，自蓟西北经昌平，东尽渔阳潞县，凡所润含，四五百里，所灌田万有余顷。到了7世纪中叶，仍有政府引卢沟水开稻田数千顷供百姓耕种的记载。只是元代以后，永定河故道才逐渐堵塞荒废，永定河改由石景山南侧流出，不再流经北京西北地区，形成今日的格局。

北京的河流湿地主要有永定河、潮白河、大潭河、蓟运河4条天然河道以及后来人工挖掘的北运河共5条较大的河道，以永定河流域和潮白河流域湿地最为广阔。永定河上源有两个分支，北支是发源于内蒙古兴和县北山的洋河，南支是发源于山西宁武县管涔山的桑干河，两条支流在朱官屯汇合后始称永定河。永定河切穿北京西山后冲出三家店，随后向东南流去，在天津附近经永定新河入渤海，北京境内流域面积达3168平方公里。潮白河的上源亦有两支，东支为潮河，西支为白河。潮河发源于河北省丰宁满族自治县草碾子沟南山下，自古北口入本市密云县境，在辛庄附近注入密云水库；白河发源于河北省沽源县，丁白河堡进入本市延庆县境，在张家坟附近注入密云水库。潮、白两河出库后，各自排放故道，于密云县城西南的河漕村汇合后称潮白河，流经怀柔、顺义、通州，于通州牛牧屯出本市入河北省境，向东汇入海河而注入渤海，北京境内流域面积6531平方公里。还有一些形成于北京境内的河流，如发源于延庆县东北部山区的妫水河，发源于延庆县大庄科乡的怀河，发源于门头沟东灵山的清水河，发源于顺义木林乡的箭杆河。此外一些较小河流，因多流向北京主城区，与人们生活密切相关，所以更广为人知，如发源于海淀香山一带的清河及支流小月河，发源于海淀万泉庄的万泉河，发源于朝阳区左家庄的坝河及支流亮马河，发源于丰台区水头庄的凉水河及支流莲花河。北京市河流湿地面积在20世纪50年代为95.55平方公里，而1992年面积最小，仅为53.20平方公里；但从1996年开始，北京市河流湿地面积一直保持在60平方公里至95平方公里范围之间，这与人工生态补水有一定关系（图1-10）。

图1-10 北京河流湿地面积历年变化图

注：引自蔡蕃《北京古运河与城市供水研究》，北京出版社，1987。

（2）沼泽湿地变化

北京曾经分布着丰富的沼泽湿地。辽代时北京东南部地区曾有以延芳淀为主体的大面积沼泽湿地，覆盖了今漷县镇、采育、马驹桥、大羊坊（大羊坊原来叫"羊坊店"，与"延芳淀"谐音）、台湖镇一带。《辽史·地理志》记载："延芳淀方数百里，春时鹅鹜所聚，夏秋多菱芡。"可知当时这里方圆百里分布有大片茂密的芦苇沼泽湿地，每到春秋两季，北上、南迁的候鸟在这里歇脚、捕食，延芳淀就成为天鹅、大雁、野鸭的天堂。书中还记载："国主春猎，卫士皆衣墨绿，各持连锤、鹰食、刺鹅锥，列水次，相去五七步。上风击鼓，惊鹅稍离水面……国主亲放海东青鹘擒之。鹅坠，恐鹘力不胜，在列者以佩锥刺鹅，急取其脑饲鹘。得头鹅者，例赏银绢。"虽然这是描写辽后主率领后妃、文武百官以及侍卫军到此打猎时的情景，但也能从侧面反映出当时沼泽湿地分布是何等广袤。明代建都北京后，大批移民排干湖水改为粮田，延芳淀被逐渐蚕食，大片水面消失。至清代中期，北京虽不再有大面积沼泽湿地，但仍分布有诸多小水面湿地，据乾隆年出版的《日下旧闻考》记载："近畿则有方淀、三角淀、大淀、小淀、清淀、泂淀、涝淀、护淀、畴淀、延芳淀、小蓝淀、大蓝淀、得胜淀、高桥淀、金盏淀……凡九十九淀。"其中多数淀属于芦苇沼泽湿地。

到了近代，随着城市发展加快，北京沼泽湿地的分布已远不及新中国成立前广泛。据遥感解译分析，1950年北京有沼泽湿地2159.42平方公里，到1984年减少为429.25平方公里，到1998年已不足200平方公里，2004年已减少至161.00平方公里（图1-11），而2009年已经不足160平方公里，其中较典型的顺义汉石桥和延庆野鸭湖芦苇沼泽合计面积仅为13.23平方公里。

图1-11 北京沼泽湿地面积历年变化图

（3）库塘湿地变化

库塘湿地伴随着几代王朝而出现明显的波动。明代开始终止了漕运，清末漕运划归商办改建，库塘湿地疏于管理而淤垫，积水潭的太平湖等天然库塘湿地被填平，什刹海、北海、中海及南海周边的库塘湿地转变为水稻田。北京东部的朝阳区、顺义区、通州区以及平谷区南部，由于地势低洼、河网密布，历史上曾分布有很多的天然池塘，形成星罗棋布的库塘湿地群。新中国成立初期，在今农展馆东部麦子店一带，也曾沟渠纵横，大大小小的天然池塘密密麻麻。20世纪70年代以后，随着城市建设的发展，农展馆附近的库塘湿地水面只剩下红领巾湖、团结湖以及朝阳公园里的水碓湖、南湖，还有"女人街"东面的两片鱼塘。再往东北就到了温榆河边，今朝阳区金盏乡，由于地势低洼（最低处海拔18米），历史上多库塘湿地，面积最大的要数金盏淀（实为洼地积水形成的水塘）。清《日下旧闻考》有云："金盏淀广袤三顷，水上有花如金盏，故名。"（金盏花中药名叫"金钱草"，它不是水生植物，却多在水边生长）。新中国成立后，当地农业社为了发展农副业，将包括金盏淀在内的大部分水面开垦为水稻田。

现在北京许多地名有不少与库塘湿地有关，较大的库塘湿地面积有数百亩，小的库塘湿地只有几亩大，当地人称其为"洼子"，这些地方通常地势低洼，在夏季雨水丰润时积水，冬春水面缩减甚至逐渐干涸，现今仍可见南洼子、北洼子、将台洼、洼里、马连洼等地名。

在今通惠河中游地区，历史上也有很大一片以浅水湖泊为主的库塘湿地，辽金时期由于此处在都城的东郊，被称为"郊淀"。到了元代，开凿了通惠河穿越郊淀，致使库塘湿地存水基本被排空。明代以后，这里还残存了几小片水面，如田家洼、小南海、小海子等，一直保留到20世纪七八十年代。如今原郊淀位置有一片约34公顷的高碑店湖，实际上是一座人工水库，湖水大部分来自于高碑店污水处理厂的再生水。在北京的东南面，曾经有一片烟波浩渺的广阔水域，这就是被称为"南海子"的京南湿地。据《日下旧闻考》记载："元明诸家记载，并称南海子环周一百六十里，今缭垣故址划然，实按之不过百二十里耳。"而现在仅仅剩下面积很小的水域。

新中国成立初期，北京市政府组织兴修了一系列大中型水库，经过三四十年的演替过程，逐渐形成了独特的人工库塘湿地生态系统。延庆官厅水库的妫水河入库口，密云水库潮河、白河入库处及怀柔水库的怀沙河、怀九河入库口，都造就了宽水面、大面积浅滩的高异质性生境，丰富的植被和食物来源，为各种水禽和候鸟的生存、繁衍提供了良好条件，例如在延庆官厅水库的野鸭湖湿地就形成了相对稳定的夜鹭、池鹭和灰鹤的繁殖种群。北京动物园所在地历史上曾经有大片水面（据《日下旧闻考》，北京动物园原为清初的"善乐园"，清末称"三贝子花园"）。今圆明园遗址，有福海等多个库塘，其中勺园一带即明代武清侯李皇亲（李伟）和水曹郎米仲昭（米万钟）的园林旧址。据史籍记载，其中水面都极广阔，甚至可"船行数十里"。20世纪50年代以来，随着大力兴建水利工程，北京库塘湿地面积经历了巨大变化，特别是密云水库的修建，使北京库塘湿地面积有较大幅度的增加。然而从20世纪90年代初期开始，由于水资源短缺和降水量减少等，部分库塘湿地出现干涸现象，库塘湿地蓄水面积也逐年减少，从1996年的389.17平方公里减少到2009年的236.45平方公里（图1-12）。

图1-12 北京库塘湿地面积历年变化图

（4）水稻田变化

早在2000多年前的《周礼》中就有"东北曰幽州……其谷宜三种"的记述，3种谷即黍、稷和稻。东汉光武帝时期，北京就有分布有大面积水稻田的记录。《后汉书·张堪传》曾记载，（渔阳太守张堪）引温余水（今温榆河）、鲍丘水（今潮河）于狐奴（今怀柔、顺义），开稻田八千余顷，劝民耕种，以致殷富。顺义区的前鲁各庄曾经有一座张堪庙，庙内墙壁上都是有关种植水稻的壁画。俯仰对空澄，即目怅幽思。洼子稻禾香，天下第一鸡。反映了当时水稻种植在京城是十分发达的。从历史上看，北京地区种植水稻的情况，主要取决于当时统治阶级需要，且随水源条件及漕运情况变化而变化。今北京的4个近郊区和10个远郊区、县均有开水田种稻的历史，哪里有河湖等湿地，哪里就有水稻种植的踪迹。其中，朝阳、怀柔、密云、顺义、通州、平谷、大兴都有大面积的稻田，大部分稻米品种都有京西稻的"血统"，米质优良（图1—13）。

图1-13 昔日玉泉山下的京西稻田
（海达·莫里逊摄，1940）

新中国成立初的1949年，北京地区水稻种植面积为39平方公里。而20世纪50年代到70年代，北京地区的水稻种植呈逐渐发展的趋势。人民公社时期（20世纪50年代至60年代），北京市的地勘部门曾经在洼里乡境内打过7口勘探井，这些井都成为了自流井。当地的"和平人民公社"和北京卫戍区的驻军利用这7口自流井，灌溉了几千亩稻田、菜地，到20世纪70年代初发展到顶峰，面积达600多平方公里。此后由于水源紧缺，农用水紧张，加之城市建设占地，水稻种植面积不得不逐年压缩。到了1996年仅为116.01平方公里，主要分布于海淀、朝阳、通州、房山、昌平等区、县的部分乡镇。到了2009年，北京水稻种植已经走下历史的舞台，不再是农业生产的主力军，现在的水稻种植多是供游人欣赏和体验农村生活（图1—14）。

图1-14 北京水稻田
面积历年变化图

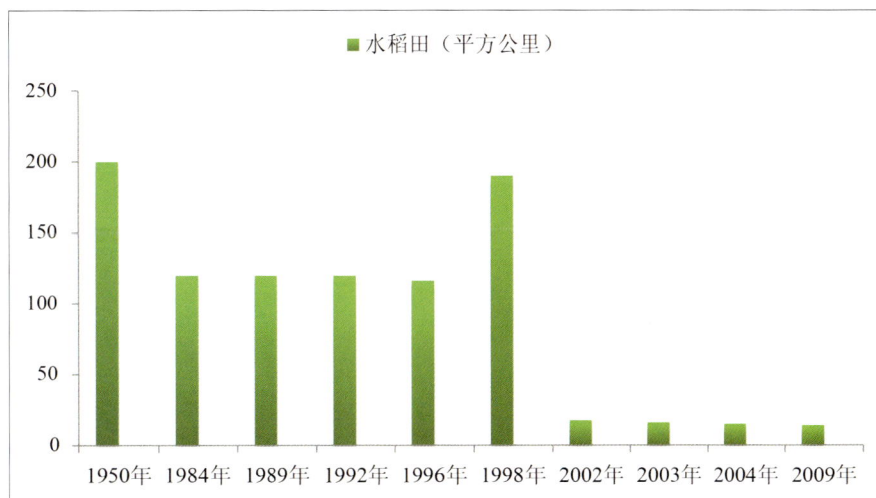

（三）抚今追昔——典型湿地历史变迁

（1）海淀的"前世今生"

历史上京西泉水汇集，形成所谓巴沟，涵养了海淀湿地。元代初年，海淀镇附近是一片浅湖水淀，故称"海店"，即今日的海淀。"海淀"之名，明末刘侗等著《帝京景物略》已有记载，源自该镇西北的湖名——既地势低洼又泉水喷涌。据侯仁之先生的观点，"淀"指湖，所谓"海淀"就是说此处淀大如海的意思。

在辽金以前，海淀的巴沟一带属低地，遍布天然湖沼，几乎没有村落。后来在海淀台地上逐渐形成聚落，有了开辟水田、开凿河道的人类活动。据《北京风物散记》记载，海淀在元朝初年还是一片沼泽地。当时海淀的地下水非常丰富，遍地沼泽，处处泉眼（梁从诫，2002）。元代经人工疏引，河道分两股：一南下，入今市区，形成所谓"三海大河"，南出左安门，入永定河；另一向东，沿今北护城河，经德胜门注入坝河，至今通州区入温榆河（古名潞水）。当时引水一是为了漕运，二是为兴建皇室宫殿，而运送石、木等建材。

海淀到了明代形成了"万泉庄""巴沟村"等农业聚落，并成为了都城居民郊游邀宴的好去处。明代区怀瑞的《友人招引海淀不果往却寄诗》有云："羽扇驱蝇不暂闲，焦闪赤日掩重关；输君匹马城西去，十里荷花海淀还（梁从诫，2002）。"

明清时期，海淀充沛的湿地资源使得许多皇亲国戚、王臣贵族相继在这里建设了御苑宫室和园林别墅，特别是清朝皇帝在此修建了闻名遐迩的以圆明园、颐和园为代表的三山五园等皇家园林和风景名胜，可谓集天下胜景于一地，汇古建绝艺于京华，使之成为紫禁城外又一个政治文化中心，素有"都下宝地"之称（图1-15和图1-16）。

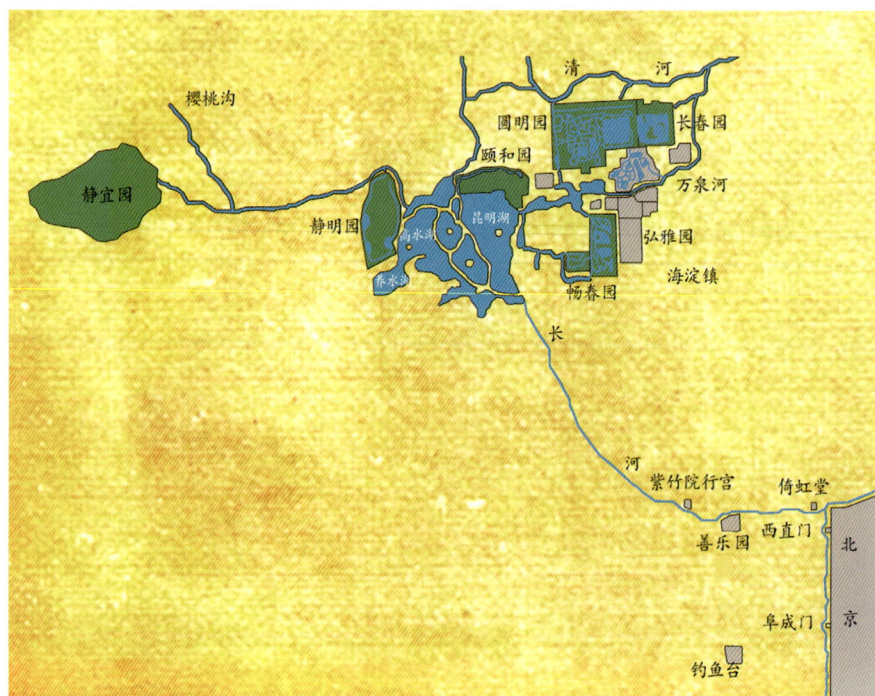

图1-15 清代三山五园和海淀所在地（刘鸣绘）

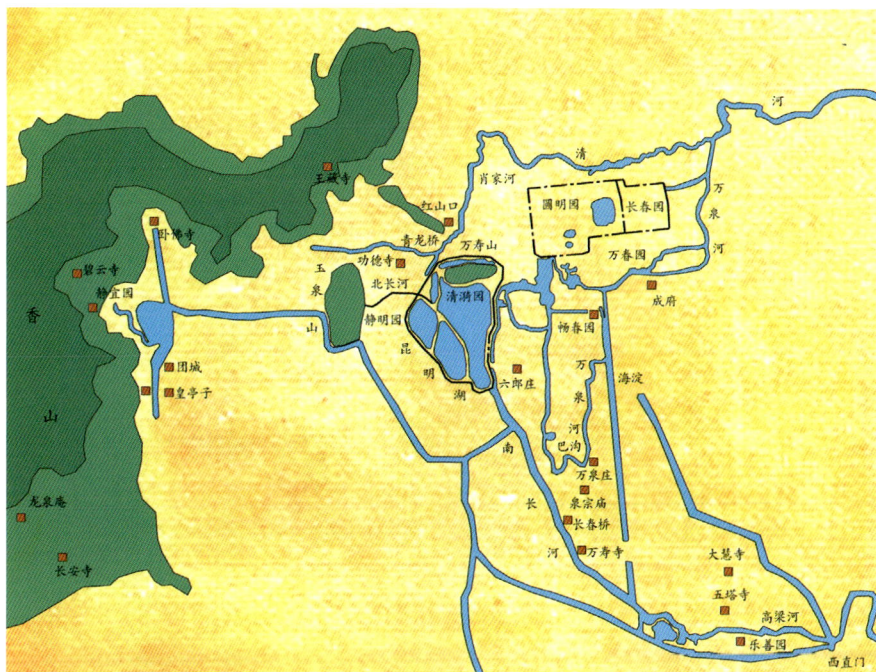

图1-16 清代西郊三
山五园及海淀分布图
（刘鸣绘）

（2）三海水系演变

北京著名的"三海"，即北海、中海、南海，其历史可溯源到10世纪的辽代，当时称为瑶屿。辽代统治者选择该处作为游玩之地，对水池进行了开拓，引玉泉山泉水灌入，名之"太液池"（摘自《探索都城之谜》）。至明代永乐年间，为迁都北京城，开辟了南海，形成广阔的链状水域，奠定了时至今日纵贯紫禁城南北的三海规模。以太液池上的两座石桥划分为三个水面，金鳌玉蝀桥以北为北海，蜈蚣桥以南为南海，两桥之间为中海。清乾隆帝在其《悦心殿漫题》诗中说："液池只是一湖水，明季相沿三海分。"几百年来，中海和南海紧密相依，常常合称为中南海，一直沿用至今。

金代时，于三海周边兴修了不少宫殿、园苑，统称为西苑太液池，作为金主的离宫。金中都三海水系以西湖（今莲花池）为主要水源，湖内有泉，水向东南曲流，在城东南角水关流出。这条河道北段保存完好，即现在莲花河三路居桥以上一段，为中都护城河、御苑同乐园及宫城里的鱼藻池提供水源，鱼藻池即现在广安门外南街南口路西的青年湖，是金中都标志性遗址。辽代修建的从通州张家湾到东护城河的萧太后河，承担转运从东北和南方运输来的粮草等物资的任务。萧太后河的东段至今仍存，但是仅靠莲花池水系，水源日益不足，遂开金口河从永定河引水。1187年，因永定河洪水威胁，遂将金口河人工堵塞，又于1205年开辟金闸河，不再从永定河引水，

改引高粱河、白莲潭（今积水潭）水，以紫竹院泉水为源，利用原金口河之中都北护城河至通州河道运粮，元灭金后又废弃（尹钧科，2009；霍建瀛，2009；王同祯，2009）。

　　元朝时忽必烈修建元大都时，废弃原金中都城址，而选择在金中都东北方向建立新城，改变了历史上从蓟到金中都，北京城都以今广安门外一带作为城市中心的格局，是北京城城址的第二次战略转移，其中一个重要原因就是为了获取更加丰富稳定的水源。由元代杰出的科学技术专家郭守敬负责元大都水系和建筑材料的运输问题，起先引玉泉山一支泉水，因水量太小不能满足需要，后引浑河（今永定河）经金朝故道入高粱河，因水势湍急、泥沙众多，易发洪灾也告失败。经过实地勘测、再三研究，最终选定以昌平地方神山（今凤凰山）脚下的白浮泉为水源，又由于沙河和清河一带的河谷比大都城西北地带的地势低，不能直接将泉水引入城内，故将水系先引入瓮山泊（昆明湖前身）。沿等高线向西修渠至西山再南折，沿途接纳西山诸多泉水和温榆河、清河、南沙河等上游河水。今天的京密引水渠昌平至颐和园段就是沿着这条水道修建的。从瓮山泊向南开长河（今京密引水渠颐和园至紫竹院段及紫竹院至积水潭水道）引水入护城河和积水潭，经后海、前海再从地安门桥东南，沿皇城东侧南流出城，再东流接通惠河再接北运河。这一水道的建成使元大都水源供给得到保证，也使得漕运粮船得以从南方直入积水潭。同一时期，又对三海进行了大规模挖掘，挖出的土堆成景山，水面也得以开阔，成为当时北京内城最大的风景区。为了保证皇宫内的清洁用水，在此之前还开挖了金水河，从玉泉山

南将香山、玉泉山的泉水沿与长河平行的水道引至和义门南入护城河并进城，沿着赵登禹路、太平桥大街、西斜街至甘石桥，再分为两支，一支向北沿着皇城入今北海，一支直接向东入中海，两支最后都接皇城东侧水道，与通惠河汇合。另外，还将坝河扩建为与温榆河相接的漕运水道，并将萧太后河扩建为与大都南护城河相接的文明河，直通张家湾。因此，自元起北京古城就不再以莲花池、永定河为主要水源，而以温榆河、西山诸泉为主要水源，且与北运河连接的水道不再单一。可惜这一水系从明代起就一直衰败下来（尹钧科，2009；霍建瀛，2009；王同祯，2009）。

明朝时期通过在元代禁苑基础上的扩建工程奠定了现在三海的规模。明初只是对广寒殿、清暑殿和琼华岛上的一些建筑稍做修葺，而对西苑进行大规模扩建主要集中在天顺年间。在此期间开辟了南海，完成北海、中海、南海三海的布局，扩充了太液池的范围并在太液池沿岸和琼华岛上增添了许多建筑物，且填平了仪天殿与紫禁城之间的水面，砌筑了团城。这些工程的实施，对城内三海水系产生了很大的影响。第一，大都北护城河（今称小月河）被废弃，新的凸字形护城河形成，且紫禁城外修起了筒子河；第二，开挖了南海，且开挖了从南海向东的金水河（今天安门前河道）再向东接皇城东墙内的玉河（即元大都皇城东墙外的河道）；第三，从北海东北角引水入紫禁城并形成自紫禁城西北角入而从紫禁城东南角出，最后汇入金水河的内金水河，逐渐淤塞原皇城东墙外的河道且将其包进皇城之内。如此一来，紫禁城虽处在新水道的包围中，但漕运船只只能停在东护城河而不能直接到达积水潭。明代疏于对元代时形成的水系加以利用和保护，致使白浮泉断流，水道被毁坏，且从玉泉山到西城墙的元金水河逐渐淤塞，通往北海和中海的城内水道也遭到废弃。明代打通了前海和北海，将玉泉山水引入瓮山泊补充长河水源，想以此来保证皇城内的用水。然而整个城市的用水，特别是漕运的功能已受到严重制约。但明代北京城垣的改变也使得原来在南郊的洼地包入外城，形成一些河渠、湖泊和园林（摘自《探索都城之谜》）。

到了清代，京城内三海水系基本沿明制没有变化，河道淤塞和水源不足问题越发严重。

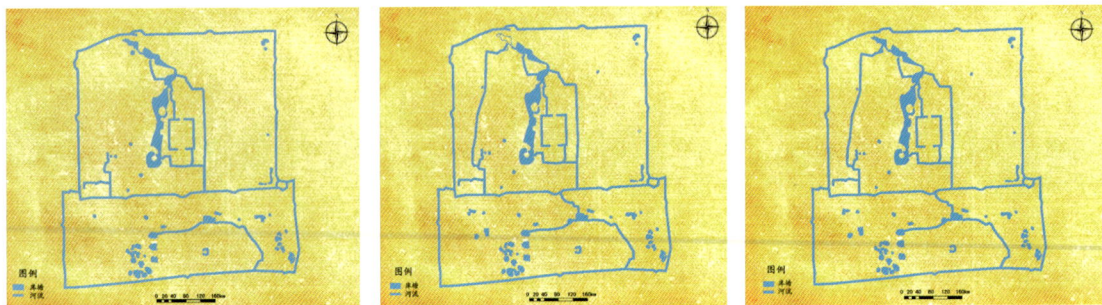

图1-17 1573年、1750年和1842年北京城湿地分布情况（刘鸣绘）

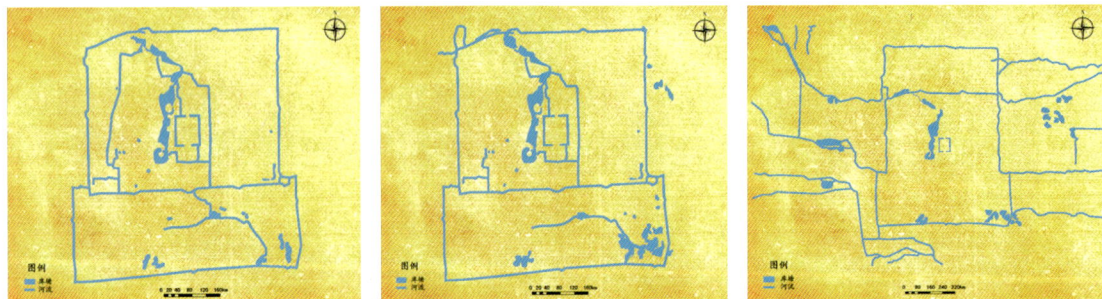

图1-18 1908年、1947年和2000年北京城湿地分布情况（刘鸣绘）

（3）龙须沟的历史

据记载，龙须沟源自虎坊桥，曾是北京外城一条无名的泄水沟，出现于明永乐年间（侯仁之，2001）。泄水沟主要有两条支流，一是明正统年间出现的三里河。据《天府广记》上记载：正统时代因修城壕，做坝蓄水，虑恐雨多水溢，故于正阳桥东南低洼处开通壕口，以泄其水，始有三里河名。这条河流经打磨厂、鲜鱼口、长巷头条西侧，穿中芦草园在金鱼池东南流入泄水；另一条主要支流是明末出现的"沟尾巴"（清末得名）。这条沟尾巴位于珠市口东南，西北起刷子市向北流又折向东流再向南流，将精忠庙绕了半圈，最后流入龙须沟。

龙须沟的"前身"和名称来历

　　明代早期，京城西部的河流通过前门和宣武门之间城墙的响闸流出，与今天虎坊桥一带众多沼泽潭坑的积水汇合在一起向东南漫流。明永乐十八年（1420年）后天坛和先农坛的营建，改变了今虎坊桥一带的地貌。据《宸垣识略》记载："天坛周十里，在正阳门外永定门之东……缭以垣墙，周九里十三步，今仍之。""（先农坛）在正阳门外西南永定门之西，与天坛相对。缭以垣墙，周回六里。"两座祭坛的建设阻挡了这一带河水的漫流，再沿着先农坛和天坛北坛墙从西向东流，就形成了这条泄水沟，也就是现代龙须沟的前身。龙须沟名的诞生与封建社会有直接的关系，北京城是明清两代的都城，是自命为"真龙天子"的皇帝生活居住的地方，前门大街是皇帝去天坛、先农坛以及去南苑行围狩猎的必经之路，古称龙道。天桥为龙头，桥的东西河沟是龙须。天桥以西为"龙须西沟"，以东叫"龙须东沟"。

图1-19　清末民初时期的龙须沟（费利斯·比托摄）

据考证，明正统年间，此河水与正阳门东护城河水流经三里河，在金鱼池附近汇合，使早年的龙须沟水量增大。清光绪之前，龙须沟也曾风光无限：水流清澈见底，两岸树木成行；鱼池园林美景，各界人士观赏。

在清乾隆《京城全图》上，这条泄沟的水流从北京内城响闸流出，经虎坊桥、天桥、金鱼池，在天坛东北角折向东南，在左安门西侧水闸出城流入护城河。到了宣统年间，金鱼池以北三里河的水干枯，河道淤成陆地。随后，红桥下游的水成了死水，在清《宣统北京城图》上，此河道标为龙须沟。据清乾隆年间《宸垣识略》记载，龙须沟沿岸湖泊多，著名的有黑龙潭和野凫潭，还有祝家园和南园等私家园林。清著名学者徐乾学有游黑龙潭诗："城南仙馆问幽踪，陶穴人家路几重？古蹀寒云连绝塞，高坛深树祀先农；绛霄九奏看翔鹤，碧氟千年起蛰龙；宴坐绳床无一事，洞门余霭落青松。"清名士查慎行有游野凫潭诗："潭潭积潦浸城隈，不长菰蒲长水蔷；我梦江湖归未得，野凫何事却飞来？"

明清时期，龙须沟承担着宣武区、崇文区（2010年已分别合并到西城区和东城区）所在地域内的排水任务。据《天咫偶闻》记载："宿雨初霁，踏青至天桥。登酒楼小饮，稚流清波，漪空皱绿。渺渺予怀，如在江南村店矣。"到了清末民初，虎坊桥一带的阡儿胡同、蜡烛芯胡同和香厂等处开办了40多家制作老羊皮的手工作坊；天桥以东开办了60多家制作细毛皮货的手工作坊。这些作坊的大量工业废水、污水排入了龙须沟，加之当时每逢夏季多雨的时候，各地污水都往龙须沟里流，使得龙须沟不堪重负，沟水四溢，导致臭气熏天、蚊蝇乱飞，变成了一条污水沟。新中国成立前，龙须沟是一条污物漂流、蚊蝇滋生的臭水沟。1949年新中国成立后，人们对龙须沟进行了彻底整治，将其改为暗河（下水道），并在原龙须沟的下游挖了东、中、西3个人工湖，取名龙潭湖。20世纪80年代中期再次改造后，分别开辟为龙潭公园、北京游乐园以及供人赏荷花、垂钓的龙潭西湖公园。2001年前后，北京市政府对龙须沟所在的金鱼池地区进行了第三次大规模改造，建设了金鱼池小区，恢复了历史上的"金鱼池"水景。现在建于龙须沟暗河之上及其两侧的街道和居住区仍沿用它的名字命名，如龙须沟路、龙须沟北里等。现今矗立在红庙街71号院的《正阳桥输渠记》碑文记载了北京水道情况和当时治理天桥河道工程的事情，为研究北京湿地和城市变迁提供了重要的实物参考证明。

（4）北运河——承载中华南北文化的龙头水脉

北运河是我国著名的京杭大运河的北段，汉代称沽水、沽河，辽称白河，金称潞水、潞河，史书一般称漕河、运粮河。今天的北运河主要是在元朝时确定的位置和方向（图1-20），清雍正四年（1726年）始有北运河之名称，沿用至今。对北京城市发展影响较大的温榆河水系和高梁河水系均属于北运河水系。流域内的工农业生产发达，闻名中外的历史遗迹与旅游胜地不胜枚举。

穿越城区，最后汇入北运河的是高梁河。高梁河金代称高良河，发源于"西北平地泉"，即现在的紫竹院湖，经白石桥、高梁桥，至德胜门水关入城，循积水潭、什刹海、北海、中南海再向东南流，过正阳门、鲜鱼口、红桥，经龙潭湖西部，在贾家花园流出城外，过十八里店至马驹桥以南注入温水永定河故道。这条河道如前文所述，曾是永定河的一条故道，后来由于永定河改道，遂演变为高梁河。由于千百年来的人工改造，高梁河与北京城的发展关系最为密切。北运河自清末漕运衰落后，便逐渐成为北京城近郊区的主要排水河道，水质污染严重。

隋朝统一中原后，开永济渠，南接沁水通黄河，北连卫河通桑干（永定河），沿此水道可达涿郡蓟城南（今北京城南凉水河）。涿郡当时是征辽的大本营，水上运输量很大。611年隋炀帝为征辽东，发江淮以南民夫及船，运输黎阳及洛口诸仓米至涿郡，船舶相次千里，显示了历史上隋唐大运河首开成功后的盛况及巨大的历史作用。

辽代，北京被升为陪都，漕运任务开始增加。订统治晚期，萧太后主持开凿了一条运河，并命名为"萧太后河"，运河西起辽南京城东垣迎春门外（今宣武区大小川淀一带），东连今陶然亭湖、龙潭湖，东南转到十里河村，到老君堂（曾有大面积湖水）东折，越西直河、水牛坊、马家湾等村，自今通州区口子上村入区界，直至今张家湾城东南入潞河（今北运河故道）。

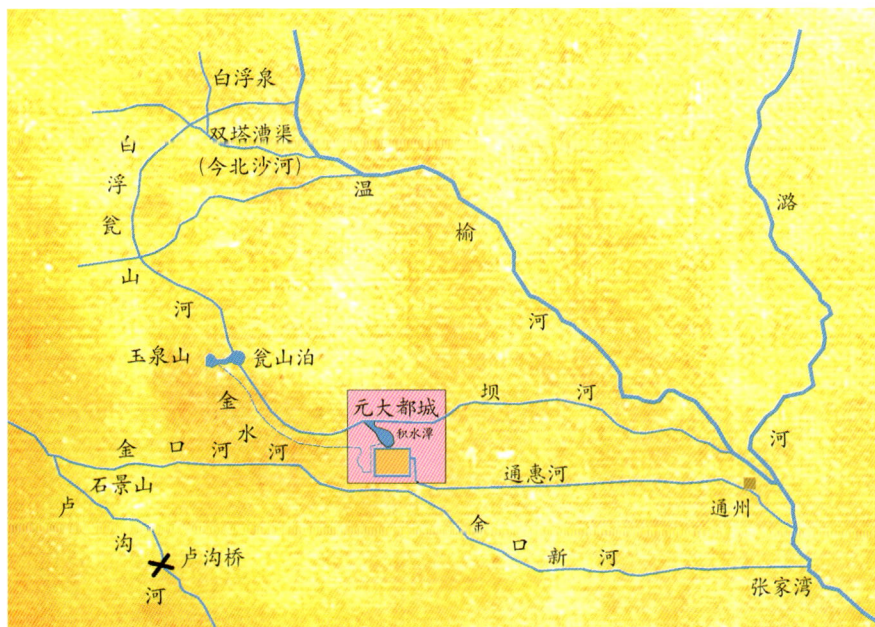

图1-20　元代大都水系运河（刘鸣绘）

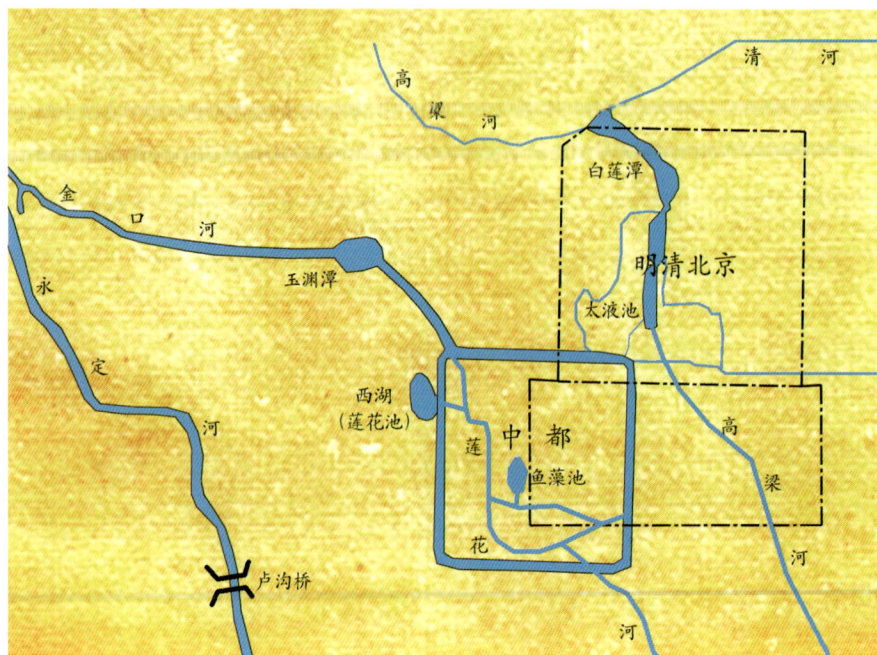

图1-21 明清北京城城址与金中都水系运河比较（刘鸣绘）

金代开凿以北京为漕运中心的人工运河。中都城海拔较通州高约20米，潮白河水不能西引，又由于工程技术方面的困难，也没有引中都以西的永定河水，而是将高梁河水东引至通州潮白河，鉴于高梁河水量不足，又导引玉泉山麓的泉水由东南注入高梁河。永定河水"水性深浊"，所以金代一开始在开凿运河引水济运时并不打算引永定河水。高梁河水系水量有限，漕河难免浅滞。由通州至中都，虽只有四五十里，船运需10余日，有时不得不兼用陆运。基于上述原因，金朝后来又提出了重开卢沟河水的建议。据考证，金口河渠口在今西麻峪村。石景山金代名孟家山，在山北开凿一引水口，称之为金口。渠道首段出金口后向东南流，经今老山、八宝山北，东至今玉渊潭附近折向南流，入中都北城壕。再东流沿高梁河南支旧道，自今前三门之北，长安街之南东流，入今通惠河道直至通州城北入白河。但是金口河开凿的结果并不让人满意，终于以地势高峻、水性浑浊，峻则奔流潋洄，啮岸善崩，浊则泥淖淤塞，积淬成浅，不能胜舟而失败。开凿金口河，虽然没能通漕运，金口河的灌溉效益却持续了10余年的时间，而且当时开挖的从中都北城壕东至通州50多里的水道，为以后通惠河的开凿成功创造了条件。

明代自永乐三年（1405年）决定在北京建都（图1-21），便开始着手恢复城市运河，以便解决重建北京城的建筑材料及漕粮运输的问题。但由于白浮瓮山河断流，北京水源只剩下玉泉山诸泉一处。这不仅使什刹海水源不足，还严重地影响了通惠河的漕运能力，对坝河引水济运则更不可能。因此，坝河逐渐成了明代城区到东北郊的一条排水河道，能够通航的城市运河就只剩下通惠河一条。为保证通惠河的供水，明初作了不懈的努力。永乐四年（1406年）八月修西湖景（今颐和园昆明湖）东的牛栏庄及青龙、华家、瓮山三闸附近冲决的堤岸，修玉河、万泉河等堤岸，以增加下游什刹海的供水量；永乐五年（1407年）又疏浚了从西湖景到通州的河道。可见当时为解决北京供水济运问题，明政府投入了巨大的力量，使什刹海供水增加，通惠河恢复航运。然而，到了永乐十八年（1420年）北京正式建都时，通惠河水源不足依旧是一个影响通航的棘手问题。因此，从通州以南张家湾运河码头到京师主要靠陆运。嘉靖六年（1527年）重浚通惠河，这次通惠河改引用玉泉诸水为源，才勉强成功。但是玉泉水还要供给宫廷及城市其他方面使用，能够引来济运的水还是很有限的。因此，明代陆运始终都没有停止过。

　　明朝时期北运河上游的大通河水源问题始终没有得到有效解决。到了清代，大通河因水源不足日益淤浅，为了恢复大通河漕运，清政府不得不继续努力尝试，在开发水源方面花费了更大的功夫。清政府于乾隆十四年到十五年（1749—1750年）间对昆明湖进行了大规模的扩建疏浚工程，扩建后的昆明湖所蓄积的水仍主要来自玉泉山诸泉。尽管至乾隆时期玉泉山诸泉的水量还很大，但相对当时扩挖之后蓄水量增加的昆明湖来说，仍有缺口。因此在乾隆十六年（1751年）分别从香山寺的双清、碧云寺的水泉院、卧佛寺的水源头诸泉，铺设总长7公里的引水石槽，汇集西山诸泉之水，经玉泉将其导入昆明湖。这两条引水石槽共长约7公里，入四王府广润庙内方池，再汇合玉泉水。据《日下旧闻考》称："一出于十方普觉寺旁之水源头，一出于碧云寺内石泉，皆凿石为槽以通水道，地势高则置槽于平地，覆以石瓦；地势下则亘上置槽。兹二流透逸曲赴至四王府广润庙内，汇入石池。复由池内引而东行，入静明园（今玉泉山）。"这两条石槽接引的都是水量不大的泉水，可见当时为了增加运河水源所作的巨大努力。直到清末，八国联军侵入北京，西山诸园被毁，石槽才失于修治，而渐毁废。石槽之水与玉泉诸水汇合之后，大部分由北长河入昆明湖，另一部分引入比昆明湖水位高的高水湖，这一部分的水既可灌溉附近农田，又可作为调节水源，灌溉之后的余水仍可经过北长河入昆明湖。高水湖可以由金河（即元代长河的一段）进入养水湖，养水湖是金河的调节水库，金河的水用于灌溉之后，仍旧泄入南长河，而灌溉的余水通过昆明湖西堤的小涵洞也仍旧汇入昆明湖。金河在汇入南长河之前，还会经过一个泄水湖，这个湖可以容纳金河多余的水，从而控制流入南长河的水量。由于高水湖、养水湖和泄水湖不同高程的布置，增大了对水量的调节能力，使水源可以被充分利用，也体现了"次第蓄泄"的理论。可见，建于乾隆时期的昆明湖是既能蓄水又能供水排水的一座设计巧妙又复杂的水利枢纽，它对城市供水、航运、灌溉等起到了重要的作用。同时，出于防洪及满足城市供水的目的，乾隆三十八年（1773年）又开东南泄水河（也称香山引河或南旱河），将西山诸泉之水引入当时西郊的玉渊潭，再沿三里河注入西护城河，也间接地增加了大通河的水源（图1-22）。

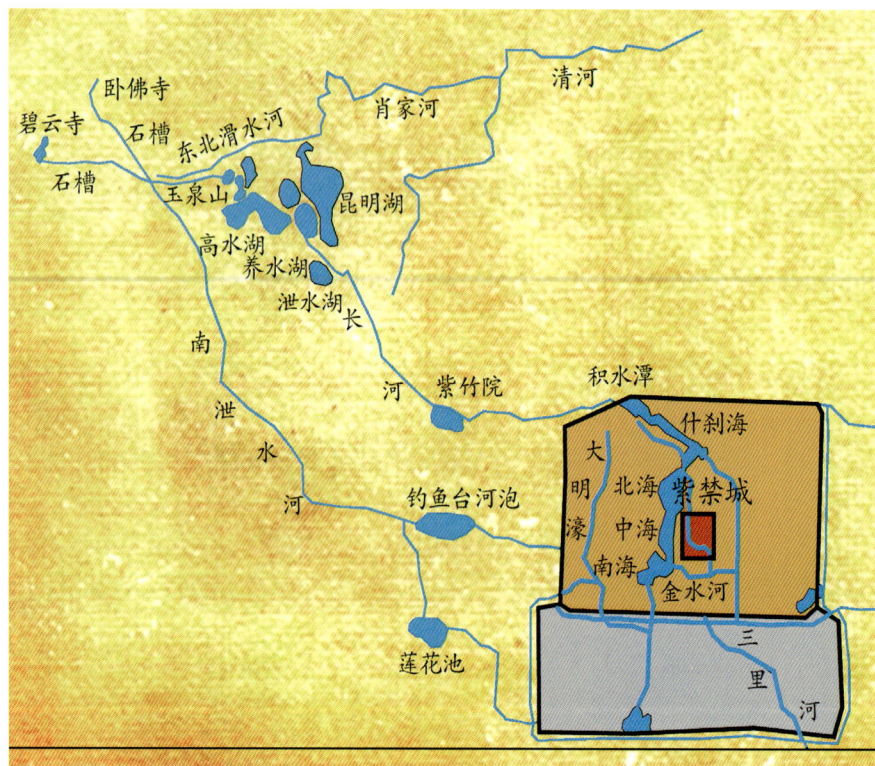

图1-22 明清城市运河与水系（刘鸣绘）

1949年后，首都北京各项事业迅速发展。为满足北京市防洪及排水的需要，从1957年开始，北京先后兴建了十三陵、桃峪口、响潭等中小型水库12座，并将城近郊区原有的河湖系统加以整修、疏浚，改、扩建和新建，逐步形成了北部清河系统、东北部坝河系统、南部的凉水河系统和中部通惠河系统，较好地担负起了为首都的现代化建设和发展服务的任务（奚学仁等，2003）。北运河是北京市城区、近郊区的主要排水河道。随着北京城市的发展，人口增多和经济增长，尤其长期以来污水直接或间接排入清河、坝河、通惠河、凉水河后汇入北运河（包括温榆河），因此使北运河水系的水体多项水质指标超过国家规定的地表水V类水质标准。

图1-23　京杭大运河的终点（费利斯·比托摄，1870—1880年）

图1-24　当代北运河通州段（张曼胤摄）

二 湿地与北京建城、建都的渊源

　　早在几万年前，北京的自然湿地便分布广泛，各种动物如水鸟、鹿等便很好地生活在这里。永定河挟带着大量泥沙，穿山切谷奔流而下。在漫长的岁月里，泥沙填平了太行山与燕山之间的古海湾，形成了如今的"北京小平原"。早在三四千年前由于永定河的冲积和改道，形成了北京平原的若干湖泊。今天的北京城就建在永定河冲积扇的脊背部。可以说，永定河流域是北京的"摇篮"，被称为北京的"母亲河"，影响着北京建城、建都和城址转移（易蓉蓉，2007）。

❖（一）诞生在湿地中的北京城

　　湿地是人类文明的摇篮。人类的历史就是一部"择水而居、依水而兴"的历史。尼罗河造就了古埃及文明，幼发拉底河与底格里斯河孕育了古巴比伦文明，印度河与恒河浇灌了古印度文明，长江与黄河则滋养了中华文明。可以说，没有湿地就没有光辉灿烂的古代文明，就没有人类文明的延续。

　　湿地提供了城市发展的空间，是城市起源、发展的沃土。中国著名古都的建设与兴衰都与湿地有着密切的联系。古都长安和咸阳分布于渭河两岸；古都洛阳因位于洛水之阳而得名；古都南京则是受惠于富饶的长江流域。古都北京建城也发源于河淀密布的湿地环境。20 世纪 60 年代，北京的考古人员在长满庄稼的土地下面发现了古代燕国的文化遗存。古燕国都城周围河流纵横，永定河、拒马河流域湿地成就了燕国的繁荣。西周时期燕国都城就在当时的琉璃河畔。琉璃河是一条古河，如今从京石高速公路出京南行至涿州经过的跨河大桥以东，就可以看到琉璃河古桥（赵润田，2008）。与北京建城源头相关的还有"蓟"一说。蓟为西周诸侯列国中与燕一度并列的小国，《礼记》有记载：武王克殷，反商，未及下车，而封黄帝之后于蓟。后蓟归并于燕，燕国城址从永定河西南迁到了河东北，即如今的广安门一带。据《魏土地记》：蓟城南七里有清泉河，湿水又东于洗马沟水合，水上承蓟水，西注大湖，湖有二泉，水俱出县西北，平地导源，流结西湖。湖东西二里，南北三里，盖燕之旧池也，湿水又东经燕王陵南，陵有伏道，西北出蓟城中，蓟东十里有高梁之水者也，其水又东南入水。据侯仁之研究，文中清泉河、湿水都为永定河，永定河自今三家店出山南流，当时别称为清泉河。洗马沟为现在莲花池由东转南而流的小河；高梁河为西直门外紫竹院公园湖泊的前身，当时经白石桥入北护城河。古代蓟城就在今北京西城区广安门一带。侯仁之根据史料记载恢复了《水经注》中蓟城及其附近水道的相对位置图（图 1-25）。北魏地理学家郦道元在其文中描绘道：

湿水又东北径蓟县故城南——昔周武王封尧于蓟，今城内西北隅有蓟丘，因丘以名邑也（赵润田，2008）。

北京早期的城邑"蓟"的选址依托了能够贯通南北的永定河渡口（今卢沟桥所在处），选择了受洪水影响最小的区域，受惠于当时华北平原的莲花池水系。

图1-25 早期蓟城及其附近水道的相对位置图（刘鸣绘）

专栏3

北京建城记

北京建城之始，其名曰蓟。《史记·燕召公世家》称："周武王之灭纣，封召公于北燕。"燕在蓟之西南约百里。春秋时期，燕并蓟，移治蓟城。蓟城核心部位在今西城区，地近华北大平原北端，系中原与塞上来往交通之枢纽。

蓟之得名源于蓟丘。北魏郦道元《水经注》有记曰："今城内西北隅有蓟丘，因丘以名邑也，犹鲁之曲阜、齐之营丘矣。"证以同书所记蓟城之河湖水系，其中心位置在今西城区广安门内外。

蓟城四界，初见于《太平寰宇记》所引《郡国志》，其书不晚于唐代，所记蓟城"南北九里，东西七里"，呈长方形。有可资考证者，即其西南两墙外，为今莲花河故道所经；其东墙内有唐代悯忠寺，即今法源寺（图1-26）。

历唐全辽，初设五京，以蓟城为南京，实系陪都。今之大宁寺塔，即当时城中巨构。金朝继起，扩建其东西南3面，改称中都，是为北京正式建都之始。惜其宫阙苑囿湮废已久，残留至今者唯鱼藻池一处，即今宣武区之青年湖。

金元易代之际，于中都东北郊外扩建大都。明初缩减大都北部，改称北平；其后展筑南墙，始称北京；及至中叶，加筑外城，乃将古代蓟城之东部纳入城中。历明及清，相沿至今，遂为我人民首都之规划建设奠定基础。

注：本文为侯仁之先生所著。

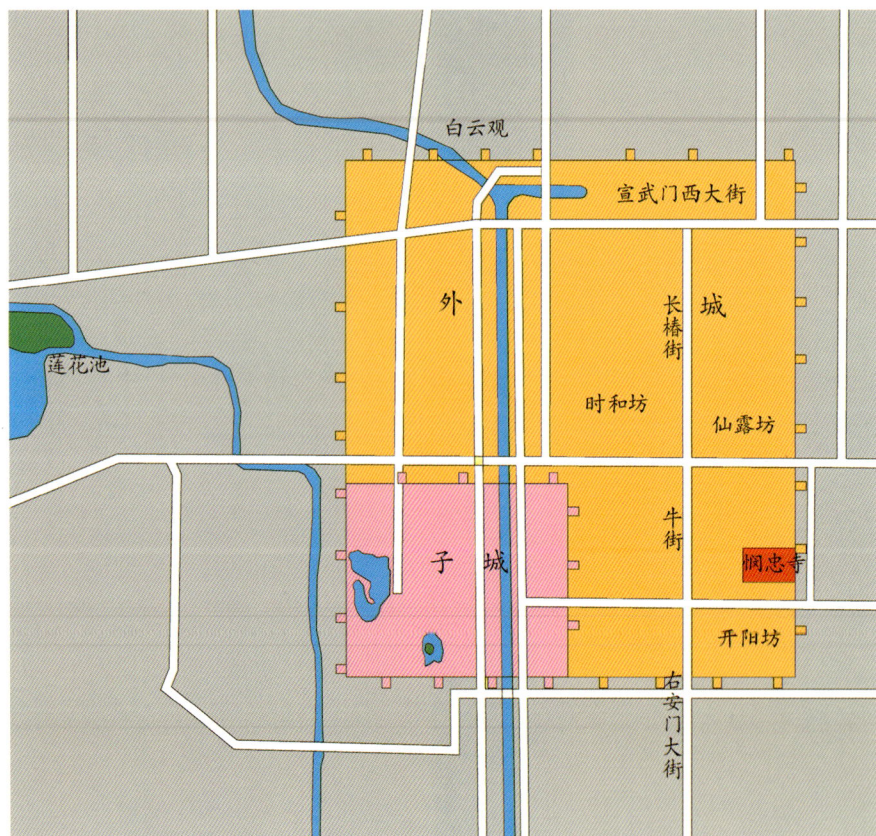

图1-26 唐代幽州城
复原图（刘鸣绘）

专栏4

北京建都记

北京古城肇兴于周初之分封，初为蓟。及辽代，建南京，又称燕京，为陪都。金朝继起，于贞元元年即1153年，迁都燕京，营建中都，此乃北京正式建都之始，其城址之中心，在今宣武区广安门南。

金中都以辽南京旧城为基础，在东、南、西3面进行扩展，而北面依旧。城池呈方形，实测4面城墙，东长4510米，西长4530米，南长4750米，北长4900米。4面城垣各开3门，北城垣复增一门，共13门。城内置62坊，前朝后市，街如棋盘。皇城略居全城中心，四面各一门。正南宣阳门内有街直通皇宫应天门前之横街，两侧建千步廊，廊东有太庙，西有中央衙署。宫城位居皇城偏东，宫室建筑分为3路，结构严谨。中路殿宇九重，前有大安、仁政两殿，为常朝之所，后有后宫，为帝、后所居。主殿大安殿建于3层露台之上，规模宏伟。东路有东宫、寿康宫、内省诸建筑，西路有蓬莱院、泰和宫等建筑。宫城内西南隅凿鱼藻池，建鱼藻殿，以为宫城之内苑，故址即今白纸坊桥西之青年湖。宫城迤东置太子东宫，迤西为同乐园，有瑶池等湖泊。

中都城之扩建，将西湖即今之莲花池下游河道纳入城中，导流入同乐园湖泊及鱼藻池，又经皇城前龙津桥下，转而向南，流出城外。1990年，在右安门外大街迤西之凉水河北岸发现其水关遗址，已就地建为辽金城垣博物馆。中都近郊建有行宫多处，其最著名者为万宁宫，故址在今北海公园处。元朝继起，就其址规划扩建大都城，遂为今日北京城奠定基础。

1990年西厢道路改造，北京市文物研究所沿宣武区滨河路内侧，探得金中都宫殿夯土13处，南北分布逾千米，并作局部发掘，从而确定应天门、大安门和大安殿等遗址位置。

注：本文为侯仁之先生所著。

在中国古代的都城建设中，首先要保证宫廷园林的用水，其次要保证漕粮运输的水道便利[1]。正是这两点，使得水源成为北京城市建设和变迁的关键因素。历史上，辽代的南京城和金代中都城大致位于今天北京广安门外附近。它们的地表供水，主要来自今北京城西南郊的莲花池。可莲花池水源毕竟有限，虽然供应辽代和金代这样的地方政权都

---

① 吴海涛，丁尧清. 关于人教版八年级下册教材若干问题答疑. 人教版八年级地理下册第六章《认识省级区域》第四节. 人民教育出版社地理室.

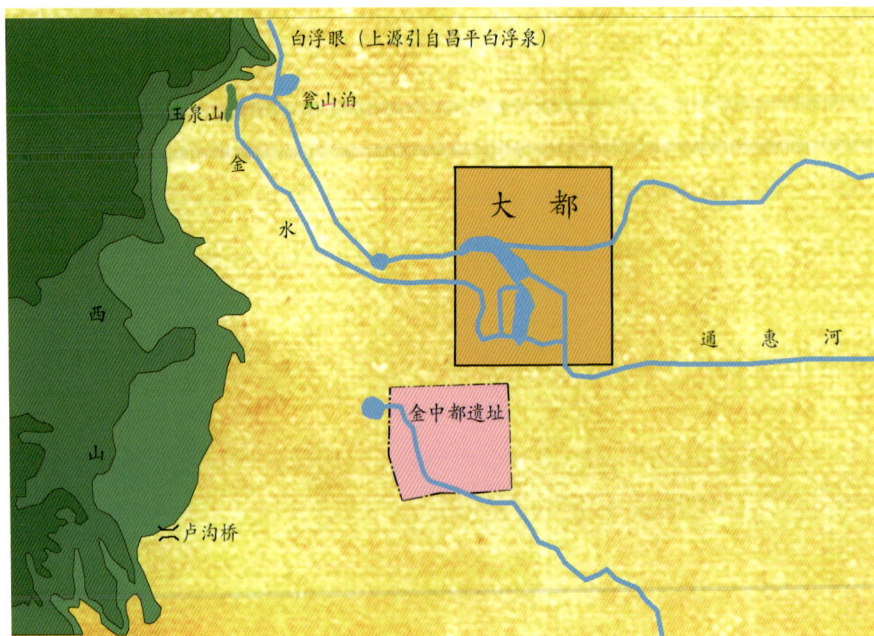

图1-27 金中都与元大
都位置比较（刘鸣绘）

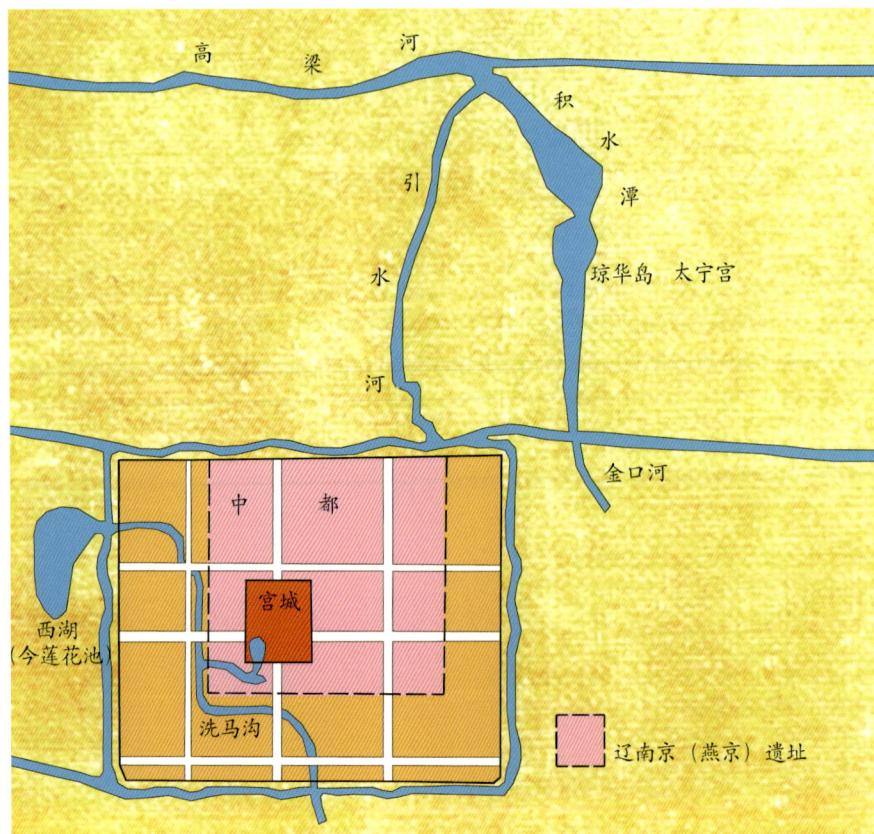

图1-28 金中都对水
源的利用（刘鸣绘）

城内部宫廷园林用水有余，但随着北京逐渐成为全国性的政治中心，运河水量已经成为制约城市进一步发展的因素，见图1-27和图1-28（侯仁之、邓辉，1995）。

从元朝建大都城开始，北京的城址开始向东北方向移动。在金中都的东北郊，有着比较丰沛的水源，可以统称为高梁河水系，包括大面积的湖泊（积水潭）和清澈的泉流。这既为城市新址的建设提供了优美的环境，同时也为新城的水运提供了有利的条件（图1-29）。

其实，自元朝至明清，历代都在寻求着新的途径以解决北京城市水运问题，其中最著名的是元朝所开凿的通惠运河（图1-29）。由于高梁河水系的水源依然不能保证都城漕粮运输，郭守敬勘探地形，将大都城西北沿山地区的泉流水源，设法引入今天北京颐和园中的昆明湖，然后疏通运渠经大都城再至通州与南北大运河相接，这一段运河称为"通惠河"。

总之，随着城市人口的不断增加，城市职能的不断丰富，水源的丰裕程度直接制约着城市的发展、城址的变迁。

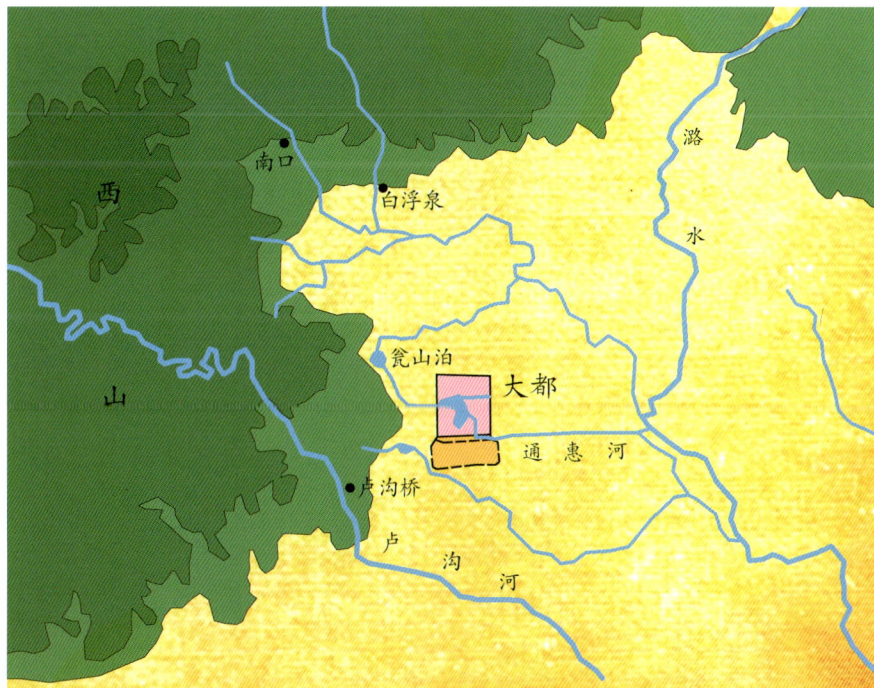

图1-29 郭守敬开凿的通惠河（刘鸣绘）

❖ （二）没有琼华岛，就没有紫禁城

琼华岛是现在北海公园内著名的景点，因岛上建有白塔，故又俗称"白塔山"。琼华，意指华丽的美玉，以此命名，表示该岛是用美玉建成的仙境宝岛。金世宗于1179年仿照北宋汴梁城中的艮岳在此营造太宁离宫，太宁宫周围是高梁河水灌注的湖泊湿地，后经过人工开挖，利用浚湖土石堆筑成琼华岛。忽必烈多次来到中都，都居住在金室太宁离宫中，这里湖水波光粼粼，景色优美宜人，给忽必烈留下深刻印象。1264年，忽必烈决定在旧中都城东北郊选择新址，营建大都。从至元元年到至元八年（1264—1271年），忽必烈3次扩建琼华岛，疏浚深挖湖面逐渐接近今日北海和中海的形势，并且冠名为"太液池"。以琼华岛为中心，湖的东西两岸营建了

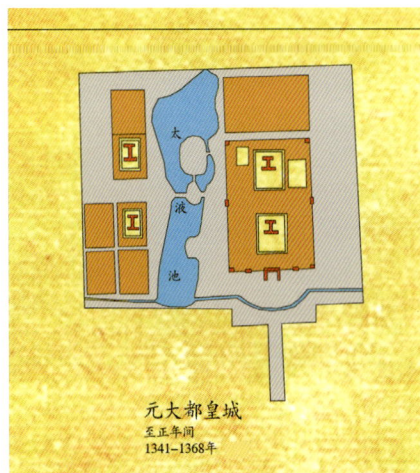

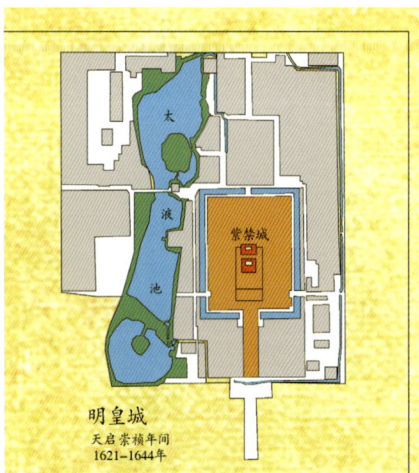

图1-30 元、明、清和民国时期的北海（刘鸣绘）

碧池悬帝阙，
琼岛入仙家。
洞口流云气，
星涛涌日华。
桃源虚岁月，
蓬海复尘沙。
绣殿游天女，
燕支映夕霞。

图1-31 琼华岛（王致铎摄）

各式宫殿，将北海建成一个颇有气派的皇家御园（图1—31）。周围绕以萧墙，成为旧日的皇城（刘建斌，1995）。

元大都在北京城市发展史上意义非凡。它的兴建，标志着北京城址由原来的莲花池水系转移到水源更为丰沛的高梁河水系上来，使北京城址战略性转移。它是一统天下的元王朝首都，说明中国的政治中心开始转移到北京来。它的城市规划和设计以及街道格局，为明北京城的营建和发展，奠定了基础，提供了典范。可以说当时紫禁城的建设离不开琼华岛的扩建和周边库塘湿地的衬托。

❖（三）先有莲花池，后有北京城

如果说永定河水系是北京古城的源泉，莲花池则是北京古都的发祥地。"先有莲花池，后有北京城。"北京至少有3000年的建城史，莲花池湿地早在3040年前就以无限的乳汁滋养着蓟城的黎民百姓，一直承担着蓟城历代护城河、园林、水道的供水（易蓉蓉，2007）。

当时蓟城的水源就是由地下水喷涌而成的莲花池。三国魏著名诗人曹植早在公元3世纪初就在"出自蓟北门，遥望湖池桑"中提到莲花池，这里的"湖池"就是莲花池。北京历史上最早建立的都城金中都也位于蓟城这个位置上。此都城为金代女真人所建，水源依然是莲花池，莲花池保证了整座城市的园林、护城河和居民生活用水[1]。

北魏地理学家郦道元所著《水经注·灅水》记蓟城西的大湖有云："湖有二源，水俱出。（蓟）县西北平地，导泉流结西湖……湖水东流为洗马沟，侧城南门东注。"上述大湖，原名叫洗马沟，后叫莲花河。莲花河可能由莲花池得名，清末震钧著《天咫偶闻》中有记载："南河泊，俗呼莲花池，在广宁门（即广安门）外石路南……有大池广十亩许，红白莲满之以可泛舟，长夏游人竞集。"

金中都的水源主要是城西一带的大湖，即今莲花池的前身。引湖水东流入城，经宣阳门外龙津桥下，东南从大城水关下出城，注入护城河。流出大城的水关遗址已被发现并发掘出来，建为辽金城垣博物馆，对外开放。金中都是在古蓟城旧基上，以莲花池水系为主要水源而发展起来的最大、最后的一座城市，同时也是北京真正成为封建王朝政治中心的开始，故在北京城市发展史上占有重要地位。金中都之后，元代以北海为核心水域建立了元大都。可以说北海见证了元大都的规划、兴建，还见证了明清北京城的继承与发展。

北京城之所以成为一座具有严整规划和雄阔气象的大城，最早是由元大都建立的基础。元大都的成功在于它先有城市规划后进行建设，当时受忽必烈之命规划建造元大都的人，首先考虑的是如何将忽必烈最欣赏的北海和湖中小岛琼华岛纳入皇帝居住的环境中。可小岛上不能兴建正式宫殿，于是决定以琼华岛及其周围水域为中心，将宫殿建筑群环列在湖泊的东西两岸，在湖泊的东岸建造属于皇帝的一组宫殿，叫作大内，这是后来紫禁城的前身。但是帝都的传统规范，要求皇宫大内应当居城市之中心位置，所以元大都以这片水域东岸最边上一点，就是今天什刹海的后门桥，以此为依据确立了一条中轴线，这条中轴线穿过大内正中心，它也就成为全城设计的中心。今天北京城的中轴线还是延续着当初的设计。元大都将高梁河水系与

---

[1]摘自《探索都城之谜》。中央电视台《走近科学》编。上海科学技术文献出版社。2008。

宫殿完美地结合起来，设计大胆，极富创造性，非常美观，且气势恢宏，这是北京建城史上营造山水城市的成功典范，在世界上也是独一无二的。

明代北京城在元大都城基础上，将城址向南做了调整，同时在北海的南端挖掘形成了南海，并重建了皇宫，即现在的紫禁城，而清朝几乎完整地将其继承下来，保留至现在。

明清时期城市水源主要来自京城西北玉泉山的水源和昆明湖，当时，远在西北郊区的清水，从今天的昆明湖经过长河、高梁河进入城区。长河是北京一条重要的古河道，几百年来成为向北京城区供水的主要河道。颐和园建成后，长河还充当了皇家从城区到昆明湖的游览河道[1]。因此有人说，先有莲花池，后有北京城（图1-32）。

南河泊，俗呼莲花池，在广宁门（即广安门）外石路南……有大池广十亩许，红白莲满之，以可泛舟，长夏游人竞集。

图1-32　清末莲花池（费利斯·比托摄）

---

[1] 摘自《探索都城之谜》。中央电视台《走近科学》编。上海科学技术文献出版社。2008。

主要参考资料

[清] 于敏中 . 日下旧闻考 . 北京：北京古籍出版社，2000

[美] 瑞威·戈登 . 目击者 . 北京：中国摄影出版社，2010

CCTV《走近科学》. 探索都城之谜 . 上海：上海科学技术文献出版社，2008

蔡明 . 元大都与明初北京城的水体与城市空间 . 北京建筑工程学院硕士论文，2002

潮洛蒙 . 北京城市湿地的生态功能和社会效益 . 北京奥运和城市园林绿化建设论文集，2002

陈宗蕃 . 燕都丛考 . 北京：北京古籍出版社，1991

崔丽娟 . 神奇多彩的中国湿地 . 北京：中国林业出版社，2008

崔丽娟 . 湿地：孕育生命和灵感 . 森林与人类，2010(2)

崔丽娟 . 湿地恢复手册 . 北京：中国建筑工业出版社，2006

崔丽娟 . 湿地价值评价研究 . 北京：科学出版社，2001

戴斌、乔花芳 . 北京市旅游产业结构变迁：理论研究与实证分析 . 江西科技师范学院学报，2005(2)

邓奕 . 从亚洲视点看北京城市发展的起源、变迁与更新 . 北京规划建设，2006(4)

董明、陈品祥 . 基于 GIS 技术的北京旧城胡同现状与历史变迁研究 . 测绘通报，2007(5)

龚慧娴 . 北京开发区发展与城市化的关系 . 清华大学硕士论文，2005

龚秀英 . 北京的母亲河上亟需实现"人水和谐". 北京水务，2007(5)

顾丽、王新杰、龚直文等 . 北京湿地景观监测与动态演变 . 地理科学进展，2010(7)

韩光辉、尹钧科 . 北京城市郊区的形成及其变迁 . 城市问题，1987(5)

韩昊英、邓奕、史慧珍 . 历史文化保护区确立初期北京旧城形态特征及变迁初探 . 中国建筑学会 2003 年学术年会论文集，2003

侯仁之、邓辉 . 北京城的起源与变迁 . 北京：燕山出版社，1997

侯仁之 . 北京城的生命印记 . 北京：三联书店，2009

侯仁之 . 北京海淀附近的地形、水道与聚落 . 北京：北京大学出版社，1998

侯仁之 . 北京历代城市建设中的河湖水系及其利用 . 北京：北京大学出版社，1998

侯仁之 . 北京历史地理 . 北京：燕山出版社，2000

侯仁之 . 北京历史地图集 . 北京：北京出版社，1988

侯仁之 . 历史地理学的理论与实践 . 上海：上海人民出版社，1979

金海民 . 海淀镇 . 北京日报，2002

李坤 . 近现代北京胡同的历史变迁及其文化价值 . 吉林大学硕士论文，2009

李美慧 . 北京城市综合公园功能变迁研究 . 北京林业大学硕士论文，2010

李宇鹏 . 北京胡同的变迁及其对城市发展的影响 . 内江师范学院学报，2007(1)

梁从诫 . 最后的湿地 . 中国青年报，2002

刘建斌 . 北京俚语俗谚趣谈 . 北京：中国城市出版社，1995

第二章

湿地之用

妫水河（韩广奇摄）

刘剑.胡立辉.李树华.北京"三山五园"地区景观历史性变迁分析.中国园林，2011(2)

刘鹏.老地图上探寻京城地名变迁.北京档案，2011(4)

刘树芳.北京城的沿革与水——元朝.北京水利，2005(5)

刘树芳.北京城市变迁与水资源开发的关系.北京社会科学，2003(2)

刘小萌.清代北京内城居民的分布格局与变迁.首都师范大学学报（社会科学版），1998(2)

牛萌.北海的历史变迁与保护.第十一届中日韩风景园林学术研讨会论文集，2008

彭梅.北京城市中心轴线空间的变迁.华中建筑，2009(1)

钱笑.北京居住空间的发展与变迁（1912—2008）.清华大学硕士论文，2010

曲蕾.北京皇城物质环境的变迁与保护研究.建筑史论文集（第16辑），2002

申予荣.20世纪北京城垣的变迁.北京农学院学报，2010(4)

宋卓勋，陈淑敏.北京市城市河湖功能的演变与发展.北京规划建设，1999(1)

苏钠.近代北京城市空间形态演变研究（1900—1949）.西安建筑科技大学硕士论文，2009

苏天钧.略谈北京古城的变迁.前线，1983(6)

孙春花.六大古都的变迁原因探究.学生之友（初中版），2007(3)

孙冬虎.北京东城区街巷变迁的历史轨迹.北京史研究会.北京历史文化保护区文献整理与研究课题，2006

孙冬虎.演绎历史，承载京域文化变迁——剖析北京地名的"京味儿"价值.北京规划建设，2011(3)

王光谦.恢复永定河生态功能建设宜居西南五区.北京观察，2008(3)

王贵祥.元大都与明初北京城的水体与城市空间.硕士论文，2002

吴焕加.城与人——关于北京城.南方建筑，2008(2)

吴建雍.北京城市生活史.北京：开明出版社，1997

吴文涛.清代永定河筑堤对北京水环境的影响.北京社会科学，2008(1)

宣之强.北京城地域沿革及发展思考.化工矿产地质，2003，25(2)

姚轶锋.叶超.寇香玉等.北京新石器时期以来植被演替与气候变迁.古地理学报，2007(1)

易蓉蓉.考古发现北京地区曾是一片汪洋大海.科学时报，2007

尹钧科.论永定河与北京城的关系.北京社会科学，2003(4)

张佳华，孔昭宸，杜乃秋.北京地区15000年以来环境变迁中灾害性气候突变事件的讨论.灾害学，1996(2)

张林源，李丙鑫.北京南海子地区的历史变迁与生态环境保护战略研究.中国环境保护优秀论文集上册(2005)，2005

张秀梅，贾建龙.浅谈永定河的水土保持工作.北京水利，2005(3)

赵润田.寻找北京城.北京：清华大学出版社，2008

周昕薇，宫辉力，赵文吉等.北京地区湿地资源动态监测与分析.地理学报，2006(6)

"上善若水。水善利万物而不争，处众人之所恶，故几于道矣。居善地，心善渊，与善仁，言善信，正善治，事善能，动善时。夫唯不争，故无尤。"——老子《道德经》

从老子这句话中可以看出，水能滋养万物。湿地作为水的载体，承载着人类文明，传承着人类文化，为人类所利用。

"万顷清波映夕阳，晚风时骤漾晴光。暝烟低接渔村近，远水高连碧汉长。两两忘机鸥戏浴，双双照水鹭游翔。北来南客添乡思，仿佛江南水国乡。"——明·朱栴《月湖夕照》

古人诗词中也昭示了湿地所承载的种种生命气息。被誉为"地球之肾"的湿地，其净化、生产、生命供给等各种功能对维系自然系统正常运作的作用更是不容小觑。

图2-1 渔舟唱晚
（毛虫摄）

图2-2　湿地资源
（刘鸣绘）

供给功能
- 食物和淡水
- 纤维和燃料
- 生物化学产品
- 基因物质

调节功能
- 气候调节
- 水文调控
- 污染控制和解毒
- 水土保持
- 自然灾害预防

文化功能
- 精神感悟与灵感启迪
- 休闲娱乐
- 美学
- 教育

支持功能
- 生物多样性
- 土壤构成
- 养分循环
- 授粉作用

图2-3　湿地的多种
服务功能（刘鸣绘）

人类很早就对湿地有所认识并对其进行开发利用，从我国发现的一些被保存于原始社会遗址中的炭化稻谷等，就足以说明这一历史至少已有数千年了。中国对湖泊的围垦开发从春秋战国时期就已经开始。古人在湿地利用过程中还认识到其"厚泽"的经济价值，提出滩涂湿地的"鱼盐之利"乃是"富国之本"，主张不破坏沼泽、湖泊等环境，适时禁止林地和湿地的采伐，在鱼鳖的生育阶段停止捕捉，"不断其尘，不绝其长"，使湿地资源能够得到可持续利用。

图2-4　十三陵水库（曾国全摄）

　　湿地所产生的效益在所有自然生态系统中是最高的。湿地具有其他生态系统无法替代的多种功能和价值，是孕育众多物种的基因库，全球超过40%的植物和动物都依赖湿地繁衍生息；湿地独特而极富灵性的水文功能，宛若一位技艺精湛的调剂师挥洒自如地调蓄着水资源，在雨季涵养洪水，在旱季释放出来，从而有效缓解着暴风雨、洪水和干旱带来的不良影响；同时也在稳固海岸线、控制土壤侵蚀、补给和排出地下水以及净化污染物等方面充当着重要的角色；湿地孕育和传承着人类文化，为人们提供娱乐、休闲和教育场所；湿地具有显著的经济效益，在盛产鱼虾、稻米、莲藕等湿地产品的同时，也是水上运输的重要载体。湿地在北京也发挥着重要的功能。

一 供给人类资源

◆（一）饮水思源

水是湿地的血脉，湿地是水的载体，中华民族赖以生存的长江、黄河等都是湿地。作为地球上淡水的主要储存库，人类生产和生活用水除少数来自地下水源外，绝大多数都来源于湿地。纵横的河流、广袤的湖泊、蜿蜒的溪流、零星的池塘以及连绵的滨岸带湿地中都有可以直接利用的水，甚至潜藏林下的森林泥炭沼泽湿地也可以成为淡水水源。

水是生物生存环境中最重要的物质基础之一，有了水，才有各种生物的新陈代谢，才有人类的繁衍生息，才有生机盎然的大千世界。水的供给，从人类的饮水、农业灌溉用水、工业和城市用水等各个层面影响着人类对资源的开发利用、经济社会发展的规模与水平，而洪涝、干旱、水污染、水生态恶化等现象直接威胁人类生存和生产生活。北京市众多的沼泽、河流、库塘之水都可被直接利用，湿地在输水、储水和供水方面发挥着巨大效益，也同样影响着京城人民的日常生活和工农业生产所需要的水源供给。

北京五大水系年均径流总量 21.6 亿立方米，年均入境水量 16.5 亿立方米，其中永定河 8.5 亿立方米，潮白河 7.1 亿立方米，两河入境水量占入境水总量的 94.5%（北京市水务局 2009 年数据）。此外，北京拥有密云水库、官厅水库、野鸭湖、金牛湖、妫水湖等 30 多个库塘湿地，宛若颗颗明珠点缀着北京城。其中面积最大的密云水库从根本上消除了潮白河的水害，并担负着供应北京、天津及河北省部分地区工农业用水和生活用水的任务，成为首都最重要的水源。庾信《征调曲》："落其实者思其树，饮其流者怀其源。"湿地与水是人类可持续发展的生命线，北京离不开水，北京经济可持续发展不能没有水，北京与湿地息息相关。

图2-5 鲤鱼（张曼胤摄）

图2-6 芡实（张曼胤摄）

专栏5

北京五大水系

北京五大水系包括大清河、永定河、北运河、潮白河和蓟运河，其中大清河水系包括拒马河、北拒马河、小清河、大石河等；永定河水系包括：妫水河、清水河、天堂河、龙河、港沟河、大西沟、湫河、黄崖沟、下马岭沟、观涧台、清水涧台、王平村沟、南涧沟、苇甸沟、樱桃沟、军庄沟、城龙灌渠、崇化庄沟、门头沟、高井沟、中门寺沟、冯村沟、西峰寺沟、永定河灌渠等；北运河水系包括：通惠河、凉水河、牛牧屯引河、凤港仓减河、凤河、东沙河、北沙河、南沙河、孟祖河、蔺河、唐土新河、方氏渠、九干渠、八干渠、清河、龙道河、七干渠、坝河、小场沟、小中河、丰家沟、减运沟、杜陈沟西和路边沟、候肖河等；潮白河水系包括：潮河、白河、怀河、小东河、城北减河、南彩河、箭杆河、运潮减河等；蓟运河水系包括沟河等。

图2-7 永定河（刘成立摄）

图2-8　荇菜（李伟摄）

❖（二）天赐良"源"

除了水资源，湿地还可以向人类提供食物、原材料、能源等各种直接和间接可利用资源，如稻米、鱼虾、莲、藕、菱、芡、芦苇、药材、水电、薪柴等多种天然的湿地资源。有些湿地生物富含葡萄糖、糖苷、鞣质、生物碱、乙醚油等生物活性物质，可以入药；有些则是轻工业的重要原材料，如芦苇可以用于造纸，众多芳香植物（如狭叶杜香）可用于制作香料。在北京的众多湿地中，1亩芦苇地每年的经济净收益为400元左右，1亩莲藕的间接经济效益为年均1200元左右（2009年数据）。北京的农业、渔业、牧业和副业生产在相当程度上依赖于湿地提供的自然资源，湿地动植物资源的利用还间接带动了加工业的发展。

湿地供给的主要食物是稻米。北京的稻田大多数分布在离水源（河流、水渠、水库等）较近的区域，如白河、永定河，即所谓"龙王地"，其中六郎庄的京西稻就以玉泉山和西山的泉水灌溉。虽然随着人口剧增、城市发展、土地利用变化等原因而导致北京稻田面积逐年缩减，但北京稻田湿地毕竟为北京市民提供了一定的粮食供应。

鱼类是北京湿地经济产出最大的湿地生物资源，北京市涉及水产品养殖的库塘湿地总面积约为72平方公里，其中84.6%分布在昌平、顺义、通州、大兴、平谷。2010年

北京市上半年淡水养殖面积为 57.09 平方公里，其中池塘为 45.46 平方公里，这一湿地资源保证了北京水产品产量的有效供给。湿地渔业产品不仅为北京人民生活提供了大量食物来源，也创造了重要的经济价值。此外，北京湿地内一些野生鱼类虽然直接经济价值很低，却是湿地鸟类的重要食物来源，也发挥着至关重要的作用。

专栏6

北京京西稻的渊源

《周礼》中曾有记载，北京早在 2300 年前就开始了水稻种植。北京顺义区鲁各庄"文革"前曾有一座张堪庙，庙里壁画上便描绘了水稻插植的全过程，这是北京地区较早的种稻记载。史料《东观汉记·张堪传》也有记载："开治稻田八千余顷，教民种作"，位于"狐奴"（今怀柔）的 8000 多顷稻田就是见证。此后，三国时征北将军刘靖曾率部截引永定河水，修戾陵堰，使水东入高梁河，种植水稻以利于百姓。北齐"开督亢旧陵，设置屯田"，直到现在房山区长沟一带与相邻的涿县"稻地八村"仍是一片老稻区。北京地区的水稻发展随着漕运的兴衰而变化。元代郭守敬开通惠河，使海淀一带稻田大有发展。此后明清两代开发畿辅水利，不仅招募南人开垦京西水田，据传康熙帝还引进南方稻种亲自试种，选育了新品种"御稻米"，乾隆帝也引进南方稻种，育成"紫金箍"，明清时期形成诸如京西稻、玉堂稻、清水稻等优质品种。现今北京的水稻分布集中在昌平、顺义、通州、大兴、平谷等区。此外，在密云水库上游的白河流域、延庆县境内的官厅水库湖畔等也零星分布着水田（韩爱果等，2006）。

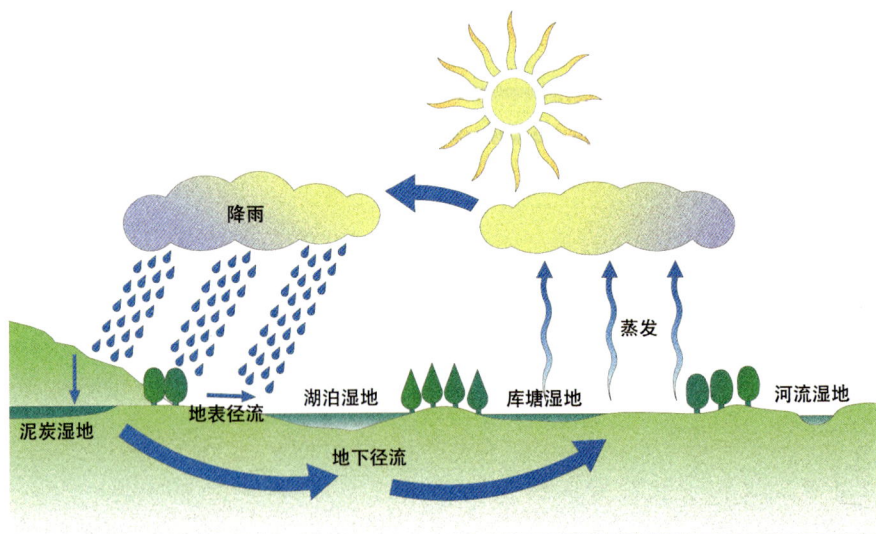

降雨

蒸发

湖泊湿地　库塘湿地　河流湿地

地表径流

泥炭湿地　　地下径流

图2-9 湿地调节气候功能示意图（刘鸣绘）

二 调节宜居环境

❖ （一）都市的"天然空调"

湿地宛如技艺精湛的气候师，具有强大的调节气候的功能，它主要通过影响气温、湿度与降水3方面因素来调节区域气候。一方面，由于水的热容量小于地面，吸热和放热都较慢，所以湿地上气温变化较为缓和，而干燥的地面上气温变化则较为剧烈；另一方面，湿地还通过水面蒸发、植物蒸腾过程持续不断地向近地面大气输送水汽，在提高周围地区空气湿度的同时，还可以在一定程度上诱发降雨，增加局部地区的降雨量，有利于当地人民的生活和工农业生产。

湿地调节气候的功能在5—9月影响十分明显，冬季影响较弱。炎热的夏季，湿地对周围气温有明显的调节作用。京城中的湿地，给周围地区的生产和生活带来良好影响，距离湿地越近，降温作用越强，湿地对极端最高气温也有调节作用。据研究，从沼泽湿地与裸地上空不同高度气温日变化看，在各层高度上都是沼泽湿地气温低于裸地。湿地的冷湿效应明显。

湿地本身因为水的流动可以产生风，而且由于京城河流湿地沿途没有阻挡风的障碍物，因此风比较大，这是河流湿地的天然优势。事实上，在夏季，人们习惯到河流湿地等有水的岸边感受"凉"意，这就是湿地的"空调效应"。例如，北京的翠湖湿地紧靠上庄水库，地势低洼，干旱时能很好地释放水汽，恰似一部天然的空调有效改善着区域气候。湿地分布区气温较周围城区低，湿度高于其他用地类型。

図2-10　十三陵水库（韩广奇摄）

❖ （二）绿色"海绵"

　　湿地是一个天然储水系统，具有强大的调节径流、均化水位和控制洪水的生态功能，对区域防洪、抗旱、减灾、维持区域水平衡起着举足轻重的作用。而部分类型湿地的土壤包括发育疏松的草根层和发育深厚的泥炭层，有很强的蓄水性和透水性，在蓄水、防洪方面效果显著。此外，有些湿地植物，如苔藓等本身可以吸收大量的水分（最大可达自身体重10—25倍的水分），对保水蓄水也极为有效，是调节洪水的理想场所。

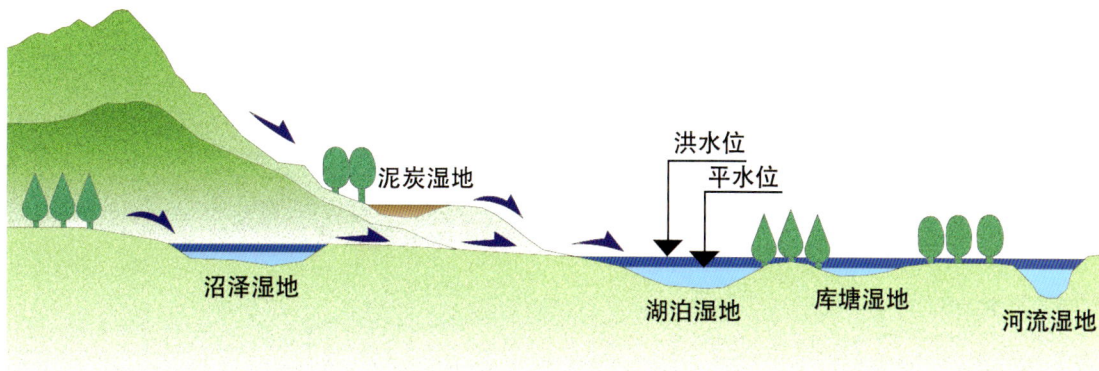

图2-11　湿地蓄水调洪功能示意图（刘鸣绘）

北京的库塘湿地在调蓄水量方面主要有供水功能和调节功能两类。北京的官厅、怀柔等水库在雨季拦蓄洪水，在雨水匮乏季节则不间断地开闸放水，雨季到来之前将水位降至死库容，以维持河道生态系统，维持流域沿线居民生产、生活的用水需求。如北京的翠湖湿地紧靠上庄水库，地势低洼，可以减缓雨洪对上庄水库的冲击，并有助于涵养水源、储存过量的水分、回灌地下水。在翠湖湿地范围内可供调蓄的湿地面积 0.598 平方公里，按平均水深 1 米计算，翠湖湿地一次性可蓄水量为 59.8 万立方米。汛期可将上庄水库部分洪水引进湿地，并通过湿地内的河道、坑塘、沼泽等设施拦蓄雨洪产生的地表径流，减少上庄水库汛期下泄量，使其错峰下泄，满足下游用水要求。

此外，湿地可以通过渗透作用补充地下蓄水层的水源，对维持周围地下水的水位、保证持续供水具有重要作用，人类平时所用的水有很多是从地下开采出来的，不断地使用地下水，需要保持水源向地下水补给，而湿地则承担了这一重要职责。

图2-12 上庄水库（张曼胤摄）

图2-13 门头沟珠窝水库下游（张曼胤摄）

图2-14 湿地之秋（崔丽娟摄）

图2-15　延庆妫水滨河森林公园湿地（何建勇摄）

❖（三）城市之"肾"

湿地也是自然界中自净能力最强的生态系统。一方面，湿地区域地势低平，当含有污染物质（生活污水、农药和工业废水等排放物）的流水经过湿地时，流速会大幅度减慢，有利于污染物质的沉淀。另一方面，在湿地中生长的植物、微生物和细菌等通过湿地生物地球化学过程的转换，包括物理过滤、生物吸收和化学合成与分解等，将生活污水和工业废水中的污染物和有毒物质吸收、分解或固定、转化，降低污染物质含量，使流经湿地的水体得到净化，削减环境污染。如芦苇、凤眼莲、香蒲、水葱等湿地植物能有效地吸收各类污染物。北京许多湿地可以用作小型生活污水处理地，通过这一过程提高水环境质量，有益于居民的生产和生活，维护生态安全。

湿地的去污净化功能对北京周边水环境具有明显改善作用。北京市建设的一批湿地公园，充分利用人工湿地中水生植物的纳污、吸收、降解等作用，发挥湿地"地球之肾"的功能，使北京市900多公顷的受污染河道、沟渠、低洼地等得到有效处理和净化，保证了景观用水、绿化美化用水的安全（高士武, 2008）。

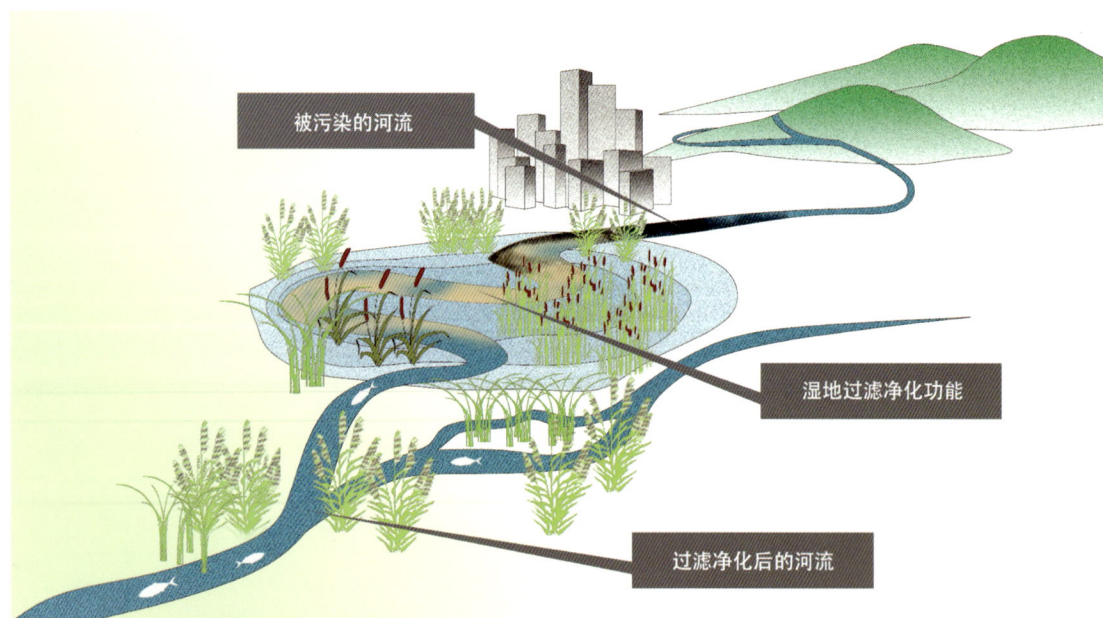

图2-16 湿地的过滤净化效应示意图 （刘鸣绘）

图2-17 湿地净化先锋——香蒲（张曼胤摄）

图2-18 翠湖——净化污水的湿地（张曼胤摄）

图2-19 水葱（张曼胤摄）

专栏7

复合人工湿地净化效果

北京顺义有一处为救护野生水鸟而修建的水塘，常年栖息有一定数量的绿头鸭和黑天鹅，另有各地送来救治的多种水鸟。水塘主要依靠天然降水和地下水补充水源，底部铺设有黏土防渗层。由于水塘较浅、水体流动性较差，又缺乏完整的食物链，造成投放的食料和水鸟的代谢产物不断积累，水质富营养化逐渐增加，水体变色发臭，严重影响对水塘的利用。

为控制水塘水体恶化，恢复使用功能，相关管理单位建成了包括表流湿地、潜流湿地和人工浮岛三大功能单元的污水净化复合人工湿地。经测定，污水净化复合人工湿地的去污效果显著，COD、总氮、总磷、氨氮及总悬浮颗粒物的平均去除率分别达到了81.61%、86.81%、76.32%、65.25%和74.38%（图2-20）。根据我国地表水环境质量标准（GB3838—2002），处理前水质为Ⅳ、Ⅴ类水，处理后有的污染指标已经达到国家Ⅱ类水环境质量标准，其中COD的含量已经达到国家Ⅰ类水环境质量标准。处理前后水质的变化具有较明显的感观效果（图2-21）。

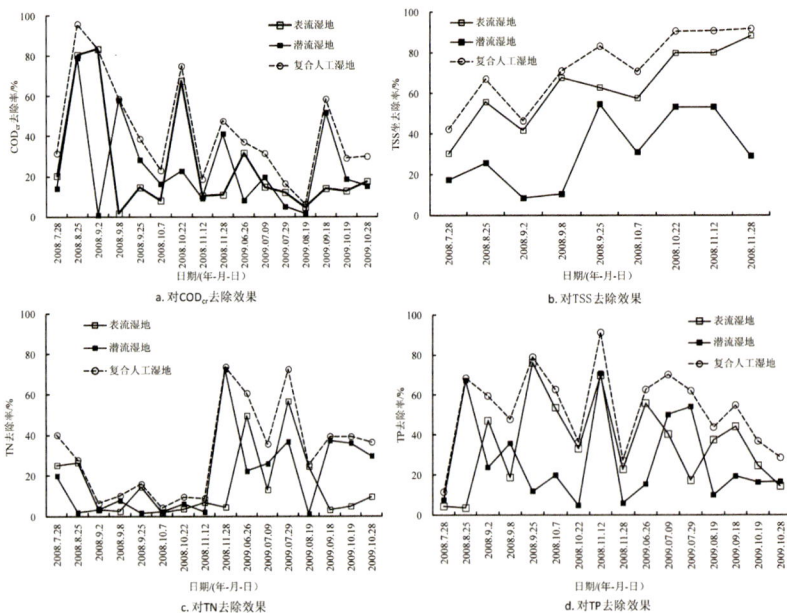

图2-20 不同时期复合人工湿地对污染物的去除效果

图2-21 进出水口水质感官比较（张曼胤摄）

图2-22 汉石桥湿地（张曼胤摄）

三 丰富文化生活

❖ （一）观风望景，秀色可餐

湿地具有自然观光、旅游等休闲方面的功能，丰富秀丽的自然风光，成为人们观光旅游、度假、疗养的理想之地，为旅游业的发展提供了条件。"苦竹林边芦苇丛，停舟一望思无穷。青苔扑地连春雨，白浪掀天尽日风。忽忽百年行欲半，茫茫万事坐成空。此生飘荡何时定，一缕鸿毛天地中。"——唐·白居易《风雨晚泊》。想象这样一幅画面：暮色沉沉，湖水涟漪，晶莹碧绿的水草逶迤飘向缓缓坡起的岸边；穿过芦苇丛，不远处就是鸟儿嬉戏、鱼儿跳跃的湿地景观，时而传来流水的哗哗声，时而传来鸟儿的鸣叫声。湿地保持着城区难得的富氧、绿色、清静。进入湿地，仿佛就从喧嚣的红尘踏进了净土世界。"金桨木兰船，戏采江南莲。莲香隔浦渡，荷叶满江鲜。房垂易入手，柄曲自临盘。露花时湿钏，风茎乍拂钿。"——南朝梁·刘孝威《采莲曲》。

图2-23　北京城内运河航道（张曼胤摄）

　　翠湖、野鸭湖、汉石桥……京城悠然恬静的众多湿地美景都让人陶醉。河流湿地岸旁分布着泥沙，偶尔可见五彩斑斓的鹅卵石，滩地上生长着一簇簇、一片片半人多高的湿地植物。可以想见，在草长莺飞的季节，丛生的青草与水环绕在一起，溪明塘秀，一派典型的河滩湿地的景色。而今这样人在画中游的美景仙境不仅能在翠湖湿地、野鸭湖湿地见到，在门头沟和怀柔沟峪等隐秘的地方也能感受到。这些湿地呈现出绚丽夺目的景色，为京城增添了笔笔浓墨重彩，也标志着北京湿地保护正以实际的行动致力于让城市更美丽，让人居环境更健康，让京城市民真正向高品质生活迈进。

　　优美的湿地景观，一方面具有生态旅游、优化产业结构，增加就业岗位，拉动当地及周边地区经济发展，提高当地居民生活水平的功能；另一方面为社区居民提供了亲近湿地，了解湿地，享受湿地的机会，从而扩大湿地在社会公众中的影响，满足当地居民的精神文化需求。此外，湿地旅游也能提升社会影响力和城市竞争力，推动区域建设快速发展。

图2-24 海淀公园（李纪锋摄）

专栏8 北京湿地旅游

图2-25 玉渊潭湿地旅游（曾国全摄）

北京市现有的 6 个湿地自然保护区，即野鸭湖、汉石桥、拒马河、怀沙河—怀九河、白河堡水库、金牛湖，这些湿地区域本身就是旅游景点，能为市民提供风景优美的旅游环境，供游客体验独特的湿地风光。野鸭湖、汉石桥、白河堡水库和金牛湖湿地是观鸟的极佳场所，其中汉石桥湿地自然保护区自 2009 年 4 月开放以来年均接待旅客超过 10 万人次；而拒马河和怀沙河—怀九河则是观赏水生野生动物的极佳场所。北京市的两个国家级湿地公园野鸭湖湿地公园和翠湖湿地公园更是以其特有的秀丽风光而得到旅游爱好者的青睐。在北京市建设湿地公园，有助于湿地公园承担湿地保护、生态旅游和环境宣传教育等多项功能，能吸引更多游客到湿地旅游观光，促进当地旅游业的发展，使旅游收入成为当地居民收入的重要组成部分。

图2-26　香飘千里（韩广奇摄）

金桨木兰船，戏采
江南莲。道香隔浦
渡，荷叶满江鲜。
房垂易入手，柄曲
自临盘。露花时湿
钏，风茎乍拂钿。

图2-27 港湾（曾国全摄）

❖ （二）探幽索隐，乐在其中

湿地的独特魅力，令人有一种远离尘世的超然脱俗之感，也因此被众多文人视为人间净土和世外桃源。北京湿地复杂的系统构成、丰富的动植物资源等，为人们探秘湿地，揭开隐藏于背后的奇趣提供了天然的场所，甚至让不谙世事的孩子们在"候鸟南飞""小鸟下蛋""放飞益鸟"等湿地体验活动中也感受到了湿地赠予的欢愉。

当我们走进湿地，很快就会发现湿地的神秘。在湿地中行船，除了可以尽情大口地呼吸新鲜空气外，还可以听到各种鸟儿的鸣叫声，如果再仔细一些，还可以看到在浅水中漫步的苍鹭，芦苇丛里跳跃不停的蓝翠鸟，还有从天空中飞过的豆雁。香蒲丛上有黑水鸡，不时地衔着枯树枝来回奔波搭巢。在湿地植物间忽停忽跃的豆娘闯入眼帘，就像一串跳跃的音符。

在自然界中，食虫植物大多数都是陆生，只有很少一部分为水生。北京延庆野鸭湖

无根萍

狸藻

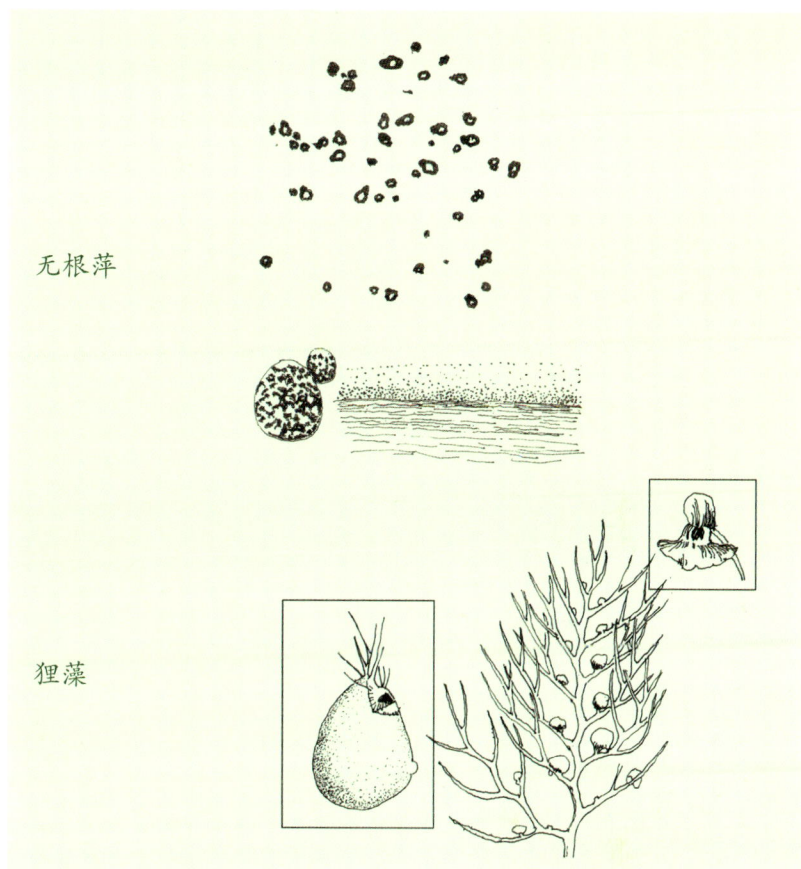

图2-28　无根萍、狸藻（李洁绘）

湿地就有一种北京十分罕见，也是华北地区唯一的奇异水生食虫植物，名为狸藻，它能"张嘴"吃掉虫子。狸藻为一年生草本植物，开小黄花，它的茎分枝很多，茎上长着由叶片变成的球状捕虫囊，一棵狸藻能长有1200多个小囊。狸藻一般生长于水流缓慢且水质良好的淡水池沼中，当有小虫游近时，狸藻的捕虫囊就会张开，小虫随水进入囊中后，囊就会自动关闭。

　　湿地中分布的无根萍是世界上最小的开花植物。12株无根萍也就一根大头针针尖那么大，又称"微萍"。它们常常成双成对漂浮在水面，或者与诸如水萍科植物和絮萍科植物等相关植物形成漂浮的席子。无根萍由大约40%的蛋白质构成（与大豆相当），这一点使其成为人类潜在的高蛋白食物来源。亚洲部分地区的人从水中采集无根萍，并将它们作为蔬菜食用。

图2-29 走进湿地
（毛虫摄）

◆（三）承载历史，传承文明

湿地文化是人类与湿地长达数千年融合的产物。几千年来，先民们都是"逐水草而居"，在与湿地相互依存的漫长历史过程中，创造了文明和文化。

湿地不仅是生命的摇篮、历史文明的源头，还是人类文化传承的载体。中国文学史开篇之作《诗经·关雎》的起兴之句就是从湿地说起，而中国四大名楼黄鹤楼、岳阳楼、滕王阁、蓬莱阁又都位于湿地或其周边区域，成就了许多流传千古的诗词歌赋。人类渔樵耕读的生活方式，赋予了湿地深厚的文化底蕴和独特的文化形态，使之成为具有丰富文化内涵的"人文湿地"。如北海、昆明湖等具有皇家历史印记的湿地自古以来风光秀丽、景色迷人，被皇族和文人墨客视为吟诗作画的理想佳境。

在京城湿地的历史变迁过程中，我们似乎已经见证了历史脉络的延续，真正领悟到"湿地，是生命由水登陆的第一块踏脚石"。有些湿地还保留了具有宝贵历史价值的文化遗址，是历史文化研究的重要场所。北京分布有多达上百个库塘湿地，其中三海、昆明湖、福海等湿地保留了许多古文化和古建筑，其数量之多、分布之广也是国内外罕见，特别是皇家文化，已经享誉国内外。悠悠古湿地，万年活化石。湿地保留的过去和现在的生物、地理等方面演化进程的信息，具有十分重要和独特的价值，承载和记录了自然、生命的变迁和人类的文明。

图2-30　颐和园石舫（张曼胤摄）

　　湿地凝聚着京城古老文化的精髓，深沉厚重、博大精深；铭刻着历代文人墨客的旷世才情。纳兰性德，清代著名词人，其所居、所乐之处均有湿地的存在，因此，其词中写水与荷花等与湿地相关的场景甚多。纳兰性德对于水是情有独钟的，他把自己与朋友们的雅聚之所命名为"渌水亭"（现宋庆龄故居内恩波亭）并赋词一首："野色湖光两不分，碧云万顷变黄云。分明一幅江村画，着个闲亭挂夕曛"，更因为慕水之德以自比，把自己的著作也题为《渌水亭杂识》。他以水为友，作诗填词，研读经史，著书立说，并邀客燕集，雅会诗书。纳兰性德的词中，对荷花的吟咏也较多："阑珊玉珮罢霓裳，相对缩红妆。藕丝风送凌波去，又低头、软语商量。一种情深，十分心苦，脉脉背斜阳。"词中生动地刻画了并蒂莲的形貌色泽，且以人拟物，饶富情致。

　　湿地也孕育了独特的民俗文化和宗教文化。放河灯就是京城与湿地密切相关的古老民俗文化。放河灯（也常写为放"荷灯"），是华夏民族传统习俗，也是中元节仪式中不可或缺的活动。它流行于汉、蒙古、达斡尔、彝、白、纳西、苗、侗、布依、壮、土家等民族中，有些地区的人们在三月三、七夕节、中秋节等重要节日里也会放河灯。京城的居民在中元节常会来到什刹海、龙潭湖公园、通惠河等地放河灯，用以表达对逝去亲人的悼念和对活着的人们的祝福，也是祈祷平安的一种神圣的仪式。2006 年在朝阳区通惠灌渠边，传统的农历七月十五"中元节"放河灯活动在此举行，许多老百姓将亲手制作的荷花灯放进河里漂流，以此纪念红军长征胜利 70 周年，缅怀先烈、追思古人。赛龙舟，是端午节的主要习俗。相传起源于古时楚国人因不舍贤臣屈原投江死去，许多人划船追赶拯救。他们争先恐后，追至洞庭湖时不见踪迹。如今，赛龙舟也成为京城民间传统水上体育娱乐项目，多在喜庆节日举行。京城的房山区青龙湖、延庆妫水湖在每年的端午节都会举办赛龙舟活动。

图2-31 铜牛与湿地共享同一片土地（毛虫摄）

图2-32 河灯

图2-33 等待（毛虫摄）

四 承载生命的摇篮

❖（一）湿地动物的栖息乐园

湿地不仅可以为很多依赖于水体的植物提供生长发育的理想生境，也为很多鸟类、鱼类、两栖动物提供了繁殖、栖息、迁徙和越冬的舒适家园，其中有许多是珍稀、濒危物种。

北京地区湿地面积相对较小，但鱼类、两栖类、爬行类、鸟类和哺乳类动物种类却较为丰富。北京市湿地动物种类共36目89科393种，占全市动物种数的75.6%。其中，鸟类276种，鱼类77种，两栖爬行类28种，哺乳类12种。在这些动物中，有国家一级保护动物6种，如黑鹳等；国家二级保护动物38种，如大天鹅、白琵鹭等；北京市一级保护动物21种，如北京雨燕等；北京市二级保护动物89种，如鹭科、鸭科等。其中苍鹭、池鹭、夜鹭、绿头鸭、赤麻鸭、斑嘴鸭、红头潜鸭、凤头潜鸭、普通秋沙鸭、灰鹤和红嘴鸥等湿地鸟类迁徙种群数量较大，停留时间较长（付必谦等，2006）。

北京湿地为80多种鱼类提供栖息地，分属于9目16科62属，总体可划分为山区山间溪流、水库及平原河流种类三大类。山间溪流种类少，多分布在河流上游，数量较少；水库及平原河流种类多，数量大，其中有许多具有养殖价值。北京地区的西部、西南部和北部山区的鱼类一般为小型或中小型鱼类，主要优势种包括雅罗鱼亚科的洛氏鱥、亚科马口鱼属的马口鱼、鱲属的宽鳍鱲以及鳅科的须鳅属、沙鳅属等鱼类；东南部、中部及北部的平原地区生活着喜氧气的鱼类，主要优势种类包括鲌、鲢、鲴、鳊、鳑鲏鱼等。

北京湿地中栖息的脊椎动物（两栖类、爬行类和兽类）种类和数量相对较少。其中真正野外栖息的两栖类只有6种，分别为大蟾蜍、黑斑蛙、金线蛙、花背蟾蜍、北方狭口蛙和林蛙，其中大蟾蜍在全市分布最广，数量也最多，是本市的优势种类；爬行类动物共有22种，有近半数的种类栖息于阴湿的沼泽、河边草丛或多水环境中；适应水生生活的哺乳动物仅有水麝鼩一种，目前仅见于门头沟深山山间溪流。

图2-34 黑鹳（高武摄）

图2-35 白鹭（吴秀山摄）

图2-36 反嘴鹬（吴秀山摄）

❖（二）湿地植物的发育地

地表土壤营养物质通过径流汇聚到湿地内，部分被湿地植被吸收，部分积累在湿地地表之中，这使湿地积累了大量有机质和植物生长所必需的氮、磷、钾等营养物质（刘长娥，杨永兴，杨杨，2008），形成了多样的湿地植物植被。

北京湿地内共有植物127科503属1017种，占北京植物种数的48.7%（北京市湿地资源调查报告，2008），其中湿生、水生或沼生植物367种，占北京植物种数的17.6%。这些植物中，国家二级保护植物有1种，为野大豆；北京市一级保护植物有2种，分别是槭叶铁线莲和北京水毛茛；北京市二级保护植物有21种，包括宽苞水柏枝、芡、黑三棱、花蔺、茭笋等；2007年调查新记录植物（《北京植物志》未记载的植物，1992年版）22种。

图2-37 天鹅（王致铎摄）

图2-38 鹈鹕（王致铎摄）

图2-39 白鹭（贾云龙摄）

图2-40 天鹅（王致铎摄）

图2-41　凤头䴙䴘（吴秀山摄）

图2-42　鹈鹕（王致铎摄）

万顷清波映夕阳，晚
风时漾潋晴光。暝烟
低接渔村近，远水高
连碧汉长。两两忘机
鸥戏水，双双照水鹭游
翔，北来南客添乡思，
仿佛江南水国乡。

图2-43　灰鹤（彭博摄）

图2-44 翠湖鸟类栖息地
（张富春摄）

专栏9

北京的国家级和市级保护鸟类

北京湿地中栖息的国家I级重点保护鸟类有东方白鹳、黑鹳、白尾海雕、金雕、白头鹤、大鸨等。

国家II级重点保护鸟类有赤颈䴙䴘、角䴙䴘、卷尾鹈鹕、白琵鹭、大天鹅、小天鹅、白额雁、鸳鸯、鹗、黑鸢、凤头蜂鹰、灰脸鵟鹰、苍鹰、雀鹰、大鵟、普通鵟、毛脚鵟、乌雕、草原雕、白腹鹞、白尾鹞、白头鹞、鹊鹞、秃鹫、猎隼、游隼、燕隼、黄爪隼、红脚隼、红隼、灰背隼、衰羽鹤、灰鹤、白枕鹤、红角鸮、纵纹腹小鸮、长耳鸮、雕鸮等。

北京市I级重点保护鸟类有小䴙䴘、黑颈䴙䴘、凤头䴙䴘、大白鹭、中白鹭、小白鹭、普通燕鸻、普通夜鹰、白喉针尾雨燕、雨燕、白腰雨燕、蓝翡翠、三宝鸟、灰头绿啄木鸟、星头啄木鸟、棕腹啄木鸟、大斑啄木鸟、黑卷尾、发冠卷尾、红嘴蓝鹊、灰喜鹊等。

北京市II级重点保护鸟类有苍鹭、草鹭、池鹭、绿鹭、夜鹭、黄斑苇鳽、紫背苇鳽、大麻鳽、鸿雁、豆雁、灰雁、赤麻鸭、翘鼻麻鸭、针尾鸭、绿翅鸭、花脸鸭、罗纹鸭、绿头鸭、斑嘴鸭、赤膀鸭、赤颈鸭、白眉鸭、琵嘴鸭、赤嘴潜鸭、红头潜鸭、青头潜鸭、凤头潜鸭、白眼潜鸭、斑背潜鸭、长尾鸭、斑脸海鸭、鹊鸭、斑头秋沙鸭、红胸秋沙鸭、普通秋沙鸭、石鸡、斑翅山鹑、鹌鹑、环颈雉、岩鸽、鹰鹃、四声杜鹃、大杜鹃、戴胜、蒙古百灵、大短趾百灵、亚洲短趾百灵、凤头百灵、云雀、角百灵、崖沙燕、岩燕、家燕、金腰燕、毛脚燕、太平鸟、棕扇尾莺、山鹨、林头树鹨、东方大苇莺、细纹苇莺、厚嘴苇莺、黑眉苇莺、钝翅苇莺、褐柳莺、棕眉柳莺、黄眉柳莺、黄腰柳莺、双斑绿柳莺、冕柳莺、戴菊、山噪鹛、棕头鸦雀、银喉长尾山雀、大山雀、黄腹山雀、煤山雀、沼泽山雀、褪头山雀、红胁锈眼鸟、黄枕黄鹂、红尾伯劳、灰伯劳、楔尾伯劳以及牛头伯劳等。

图2-45　花蔺（商晓静摄）

图2-46 千屈菜（张曼胤摄）

图2-47 千屈菜（商晓静摄）

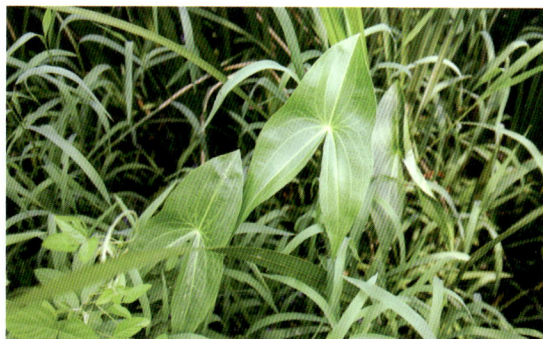

图2-48 慈姑（张曼胤摄）

专栏10

北京湿地维管束植物群落组成

　　北京湿地植物中，典型的湿地维管束植物有 266 种 7 变种 1
变型，共 274 个分类群，隶属于 58 科 144 属。其中蕨类植物 6
科 6 属 9 种；双子叶植物 37 科 87 属 142 种；单子叶植物 15 科
51 属 123 种，7 变种 1 变型。在这 58 个科中，禾本科含属最多，
有 22 个属，其次为菊科（12 属）、莎草科（8 属）、玄参科（7 属）、
唇形科（6 属）、石竹科（5 属）、伞形科（5 属）。有 34 科仅
含 1 属，占全部科的 58.62%，但仅占总属数的 23.61%。北京湿
地植物科内种的组成中含种最多的科为莎草科（46 种），其次
为禾本科（32 种）、蓼科（23 种）、菊科（18 种）、眼子菜科（12
种）、毛茛科（10 种），这些科仅占总科数的 10.17%，而种数
则占 51.46%。含 2—9 种的科有 28 科，占总科数的 48.45%，种
数占 39.78%。仅含 1 种的科有 24 科，占总科数的 41.38%，但
种数仅占 8.76%。属内种的组成中含种最多的属为苔草属 16 种，
其次为蓼属 14 种、眼子菜属 11 种、莎草属 10 种；含 5—9 种
的属有 6 属；含 2—4 种的属有 34 属；含 1 种的属共有 100 属，
占总属数的 69.44%。其中鹅肠菜属、芡属、水蕨针属、脐草属、
款冬属、角果藻属、花蔺属、黑藻属等 12 个属为世界单型属。
在北京湿地维管束植物区系中，木本植物仅占总种数的 1.82%，
而草本植物占绝对优势的地位。

图2-49 王莲（张曼胤摄）

图2-50 野生菱角（张曼胤摄）

图2-51 槐叶萍和浮
萍（张曼胤摄）

图2-52 野生菱角
（张曼胤摄）

　　根据《中国湿地植被》的分类系统，可将北京湿地植被划分为灌丛沼泽型、草
丛沼泽型、漂浮植物型、浮叶植物型和沉水植物型等5个植被型，共78个群丛组。
其中，大面积集中分布的大型挺水植物主要为芦苇和香蒲等，且主要集中于官厅水
库东部妫水河入库口周围、密云水库北岸部分地区，以及顺义区汉石桥湿地等处；
另外在一些河道两岸（如白河、潮河、潮白河、温榆河的一些河段）也有分布。扁
杆藨草群落和有芒稗群落为北京湿地分布较广的湿生草本植物群落，而沉水植物中，
菹草群落和苦草群落分布较广。

苦竹林边芦苇丛，停舟一望思无穷。青苔扑地连春雨，白浪掀天尽日风。忽忽百年行欲半，茫茫万事坐成空。此生飘荡何时定，一缕鸿毛天地中。

主要参考资料

M ajor References

Coleman J,Hench K,Garbutt A.Treatment of domestic wastewater by three plant species in constructed wetlands. Water, Air, and Soil Pollution，2001, 128(3)

白国营，梁灵君，刘乔木等.北京翠湖国家城市湿地公园水量平衡及效益分析.北京水务，2007(3)

北京市统计局.北京统计年鉴 2003.北京：中国统计出版社，2003

崔丽娟，商晓静，王义飞等.北京地区不同湿地植物对生活污水的净化效果研究.林业资源管理，2009(1)

崔丽娟，张曼胤，李伟等.人工湿地处理富营养化水体的效果研究.生态环境学报，2010，19(9)

刘长娥，杨永兴，杨杨.九段沙上沙湿地植物 N.P.K 的分布特征与季节动态,生态学杂志,2008，27 (11)

付必谦，陈卫，胡东.北京湿地生物资源保护与可持续利用对策初探.首都师范大学学报 (自然科学版)，2006,27(4)

高士武.北京市湿地保护管理的现状与对策.湿地科学与管理.2008，4(4)

韩爱果，孙颖，韩坤立.浅谈北京地区湿地修复与地下水资源的关系.水土保持研究，2006，13(4)

主要参考资料

第三章

湿地之行

海淀柳浪庄公园（韩广奇摄）

　　北京，有着得天独厚的地理条件，西北有太行山、西山、军都山环抱，高山拦截了南来的水汽，凝结成雨水飘落下来，平原容纳了变幻的河流，为大地留下无数的水淀——湿地，也孕育了举世闻名的历史文化名城，皇家宫廷、园囿、朝坛及宗教建筑遍布。北京，是自然风光与人文景观匹配最佳、规模最大的旅游胜地之一，被称为中国"最富魔力的三大游览城市之一"（卢云亭，1999），其悠久的历史文化内涵与和谐的自然山水之美吸引国内外游客驻足观赏。

图3-1　碧水染秋——怀柔（张伟摄）

图3-2 野鸭湖湿地（何建勇摄）

一 踏上郊野湿地
领略京城湿地的原野风情

❖（一）鸟儿的天堂——野鸭湖

野鸭湖湿地是京郊保存最完整、自然属性最原始、原野风情最浓厚的库滨区湿地，具有丰富的生物多样性和独特的湿地景观，是人们了解湿地、回归自然，尤其是一览北京地区丰富的鸟类资源的绝佳场所。北京地区分布的大多数鸟类都可以在这里寻找到身影，种类多达264种，常见鸟有红骨顶、白骨顶、大麻鳽、豆雁、针尾鸭、绿头鸭、绿翅鸭、凤头潜鸭、普通秋沙鸭以及各种鸥类和鸻类等；在野鸭湖东北侧茂密的落叶阔叶林区，雉鸡、喜鹊、灰喜鹊、红嘴蓝鹊、红嘴山鸦、小嘴乌鸦等随处可见；野鸭湖芦苇丛中寒鸦、黑卷尾、灰椋鸟、珠颈斑鸠等常常会竞相追逐，白鹡鸰、戴胜、白头鹎等有时会悠然漫步河边，偶有凌空飞起的红脚隼、鸢和大鵟等猛禽类，给野鸭湖湿地带来更多的灵气和生机。

　　野鸭湖夏季满眼翠绿时，鸟儿在香蒲、芦苇间唱起情歌，苍鹭和鹤类集群在水边觅食、野鸭在芦苇荡中穿行、鸥类在空中飞舞，观鸟爱好者或肩背望远镜，或登上观鸟台极目远眺，一群群白鹭，时而觅食在浅滩，时而栖息在枝头，细长的喙，雪白的羽毛，都是那样的清晰。在草丛中、芦苇荡里，或许还会发现头戴"白色礼帽"，身穿"黑色礼服"的白骨顶，有着嘴像琵琶一般的白琵鹭等。在湿地水域中，还常见有小鸊鷉、凤头鸊鷉、红骨顶、白骨顶、大麻鸭、豆雁、针尾鸭、绿头鸭、绿翅鸭、凤头潜鸭、普通秋沙鸭以及各种鸥类和鸻类等。每到冬季，一群群大天鹅、灰鹤、豆雁、赤麻鸭等，经过艰辛的跋涉来到这里度过最漫长的寒冬，使得冬季的野鸭湖有着别样的景色，别样的生机。经常还会看到许许多多的摄影爱好者背着大大小小的"家当"，等待鸟类或取食，或纷飞，或嬉戏的瞬间，记录这湿地原野的风情。

图3-3 回归（贾思琦摄）

图3-4 汉石桥（张曼胤摄）

❖ （二）芦苇荡的风情——汉石桥

苇蒲丛生、莲藕满塘，水鸟时而掠过清澈的水面，时而在芦苇丛中发出婉转的啼鸣……这如诗如画的所在就是位于北京市顺义区的天然芦苇沼泽湿地——汉石桥湿地。夏季是汉石桥最美丽的季节，蓝天白云，鸟儿成群在芦苇荡内竞相斗艳。秋天则是汉石桥湿地最为丰腴的时节，成群结队的绿头鸭、斑嘴鸭不远万里从俄罗斯经东北地区迁抵北京，芦苇荡、香蒲塘到处都是鸟儿的身影，正如："芦苇晚风起，秋江鳞甲生。残霞忽变色，游雁有余声。"（唐·刘禹锡《晚泊牛渚》）

图3-5 牛背鹭（毛虫摄）

　　茂密的芦苇荡和丰富的生物多样性，形成了京郊平原独有的荒野景观，《走遍北京》手册如此描写汉石桥湿地的昔日景观：芦苇丛生，水波荡漾，此起彼伏，犹如浩瀚的大海，景色颇为壮观，极其江南水乡特色，整个景区水质清澈，绿色苍茫……汉石桥湿地双子湖公园码头西侧，有自然水域面积100多亩。芦苇荡中，草鱼、鲢鱼、鲤鱼、鲫鱼等多种野生鱼畅游其中，河岸上杨柳高大挺拔，凉风习习，与芦苇荡一起还原了湿地的野钓风趣。码头东侧，芦苇丛中，香蒲、荷花等多种水生植物及白鹭、苍鹭等鸟类点缀其中，在欣赏大自然的美景、呼吸郊野清新空气的同时，也为人们体验荒野露营，忘却城市的喧嚣，享受自然快乐提供了绝佳场所！

图3-6　汉石桥湿地·芦苇荡（赵欣胜摄）

图3-7 汉石桥湿地·翠意初萌（赵欣胜摄）

图3-8 绿油油的汉石桥（赵欣胜摄）

❖（三）镶嵌在北京的蓝宝石——密云水库

翻开北京地图，一眼就能看见位于北京东北方向的一抹蓝色，那就是密云水库，如少女一般安宁静溢。随着人们生活水平的提高，以及水库自身生态和环境的演变，密云水库不仅承担着蓄水防洪的功能，也日益成为北京东北部著名的风景区之一。置身水库边，迎面就是巍峨的大坝；登临坝顶，顿时豁然开朗，烟波浩渺，天水茫茫的湖面，一眼望不到尽头，库旁的各式建筑，隐现在青山绿水之中，恰似仙宫琼阁；沿环湖公路绕行，则可以看到整个密云水库犹如一幅色彩斑斓的山水画卷。为保护密云水库地区的生态环境，优化水库入库及库区水质，白河入库口建有人工湿地约150亩，湿地植物以芦苇为主，混植荻和蘸草等。同时，利用当地水生植物中的优势种群，大量栽植了香蒲、菖蒲、球穗莎草、千屈菜等繁殖力和生命力强的水生植物。每至初秋，芦苇荡漾在风中，不远处，成群野鸭沐浴阳光，展翅掠过湖面，为湿地增添了勃勃生机。潮河入库口处的天然湿地人工抚育示范工

图3-9 汉石桥湿地·游船（赵欣胜摄）

图3-10 密云水库·恢宏水面（张曼胤摄）

图3-11 密云水库·油松护岸林
（韩广奇摄）

图3-12 密云水库·农渔相间
（毛虫摄）

程面积约为2000亩，目的是净化水质，保护水源。轻风过处，水波粼粼，蒲草、莎草、泽泻、薄荷等50多种天然湿地作物，随风而舞，翩跹的身姿倒映在水中，更显得婀娜多姿。

沿途走过，有诸多的摄影爱好者，或伏或仰，或蹲或立，感慨于朝阳初起的那一瞬间，流连于北京闹市之外的那份恬淡，那份超然，那份忘情，那份豁达。喧闹不在这里，污染也与这个区域无关，一年365天，密云县的空气质量天天都是优良，密云空气中的负氧离子含量达每立方厘米2000个，高于市区100倍（赵方忠，2010）。

水是自然界中最活跃的因子。密云水库素有"燕山明珠"之称，库区夏季平均气温低于市区3摄氏度，是一处绝好的避暑胜地，还是北京市唯一列入国家重要湿地名录的湿地。这座为华北地区防洪灌溉而修建的水库，在20世纪80年代转变为首都的主要饮用水源，也是目前北京唯一的地表饮用水水源地，"时至今日，北京人喝的3杯水中，两杯来自密云"（赵方忠，2010）。

二 漫步皇家宫苑
体味历史留香的湿地文化

❖ （一）北海

北海是我国现存历史最悠久、保存最完整的皇家园林之一，距今已有近千年的历史，主要由琼华岛、东岸和北岸景区组成。北海水面开阔，湖光塔影，苍松翠柏，绚丽多姿，犹如仙境。这里的园林是根据我国古代神话故事《西王母传》中描述的仙境建造的，既有北方园林的宏阔气势，又有江南私家园林婉约多姿的风韵，并蓄帝王宫苑的富丽堂皇及宗教寺院的庄严肃穆，气象万千而又浑然一体。"荷风晚送残香气，竹露凉敲绿玉声。翠合三山连阆苑，波涵一镜俨蓬瀛。"从清乾隆皇帝的诗中就可领略到舒红卷翠，龟浮鸟越，上下天光的北海的美丽景致。

据史书记载：远在辽代的时候，北海一带曾是一片泡沼，芦荻丛生。金代开浚湖泊，逐渐形成一个风景区，称为"白莲潭"。白莲潭中广植莲花，池中并养有鱼鸟，晨曦射波，池光映天，绿荷含香，鱼鸟中游，又有莲舟夹在中间，确是一幅极美的画面。在清代乾隆年间，乾隆皇帝对园林具有极其浓厚的兴趣，不仅大规模扩建北海，而且在各景点题写了众多诗文。

据清室档案记载：管理北海的苑丞、苑户每年都要向皇室奉献一定数量的莲藕，以供御膳房之用。道光年间《奉宸苑财务类》记载"收三海莲藕折合银一百零五两"。光绪八年（1882年）慈禧下旨："所有三海莲花、荷叶、藕，均着严管，不许再动，以备赏玩。"当时慈禧移住西苑，经常至北海游幸，所以湖中培植荷花莲藕不能随

图3-13 北海雪景
（王致铎摄）

图3-14 北海湿地（王致铎摄）

意采摘，专供慈禧观赏。《啸亭杂录》记载："御河、三海诸处，岁有莲藕之租，均量地薄征，以供内廷植花卉之用。"向皇室上贡莲藕的惯例，直到清皇室逊位才告结束。

图3-15 北海公园一角（毛虫摄）

❖（二）圆明园福海

福海的所在地圆明园，是清朝帝王在150多年间创建和经营的一座大型皇家宫苑，坐落于北京西郊，占地3.5平方公里，其中水面面积约1.4平方公里。它继承了中国3000多年的优秀造园传统，既有宫廷建筑的雍容华贵，又有江南水乡园林的温婉多姿，同时，也汲取了欧洲园林建筑形式，将不同风格的园林建筑融为一体，整体布局上和谐美观，真可谓"虽由人做，宛自天开"。圆明园保持了水体的天然风韵，按原有的植物配置，形成了以松、竹、荷、柳为主题的植物景观。春季的"踏青节"、夏季的"荷花节"、秋季的"菊花节"、冬季的"游园会"，四季旅游文化活动已形成特色。昔日的皇家园林，今朝成了人民的游憩之地，同时以遗址为主题，形成了凝固的历史与充满蓬勃生机的园林气氛相结合的独特旅游景观，既具有重大的历史价值，又是一处难得的旅游胜地。

福海源自康熙年间，《养吉斋丛录》十八卷记载，园（康熙赐园圆明园，非指圆明三园）东有东池，雍正间命名福海，取"福如东海"之意。福海在雍正朝命名之前俗称东池或东湖，其开凿年代可能为康熙末叶，经雍正即位后的进一步开拓才有后来的规模。实为湖，却被命名为"海"，这与中国古代家喻户晓的传说有关。相传，东海中有3座神山，山上有仙人居住，还有长生不老药。秦始皇曾派徐福率童男童女数千人，入海寻仙境、求仙药，福海的命名正是取"徐福海中求"的寓意，以求皇帝长生不老，大清帝国江山永固。

福海浩瀚开阔，碧波荡漾，水面近于方形，宽约五六百米，总面积为0.28平方公里，加上周围的小水

图3-16　圆明园微缩图（张曼胤摄）

图3-17　荡舟圆明园（吴宁摄）

域共计 0.32 平方公里。历史上福海最深处达 3.8 米，一般水面深度也有 2.3 米左右，这样的深度为每年端午龙舟竞渡及平日大船行驶提供了保证。环列周围的 10 个不同形式的洲岛，将漫长的岸线分为大小不等的 10 个段落，临近水面的开阔地段布列不同的风景点，充分发挥出它们的"点景"与"观景"作用。如"方壶胜境""平湖秋月""澡身浴德"等，与福海隔而不断，若即若离，互为因借，形成开朗与幽深的对比。河道环流于海的外围，时宽时窄、有开有合，通过 10 个水口沟通福海水面。大小水面互相依托，相映成趣，丰富了单一的水景，也象征着百川归海、四方水流均归福海，体现了四方归顺的寓意。其间建筑各式桥梁点缀联系，既消除了岸脚的僵直单调感，又显示出水面的源远流长。周围断续的堆山把中心水面的开阔空间与四周的河道障隔开。沿河道的幽闭地段则建筑小园，通过水口的"泄景"引入福海的片段侧影作为陪衬。宫墙与河道之间亦障以土山，适当地把宫墙掩饰起来。福海沿湖岸一带素妆淡抹，辽阔舒展，建筑的配置采用平淡疏朗的手法，没有高大的体量和惹眼的色彩，为突出水面的宽广，四周主要以疏疏落落的建筑及花木、水矶等组景。众多的园林佳境，以其不同的园林建筑风格和诗画意趣共同组成了以福海为中心的庞大风景群，被誉为人间仙境。

图3-18　昆明湖（毛虫摄）

图3-19 荡舟阅福海（王儒摄）

（三）昆明湖

昆明湖曾被称作瓮山泊、西湖。早在金代，皇室就在湖边的瓮山（今万寿山）建立了行宫；明朝正德年间将瓮山更名为"金山"，瓮山泊改为"金海"，并建有金山行宫，供皇家享乐；清代围绕这片水域建成举世闻名、规模宏大，西方人称为"夏宫"的园林式宫殿。

昆明湖周长约 15 公里，面积约为 2.2 平方公里，在北京郊区密云水库等建成之前，是北京城内外最大的湖泊，它湖面广阔，水色清碧，平均深度 1.5 米，最深处约 3 米。

昆明湖在历史上是西山山麓洪积扇前缘由众多泉水汇集成的一块沼泽湿地，曾有七里泺、大泊湖等名称。当时，湖面主要向东西两面发展，建造者有计划地把原来的湖岸上一部分土地堆在湖中，便成了湖内西堤及三岛。挖出的泥土移于万寿山上，使这座原来较低矮的山丘大为增高。昆明湖背山面城，北宽南窄，向南延长，从高处瞭望形状像心形，巨大的湖面宏伟而壮观，在西侧及北侧像一条丝带环山而过。

元代郭守敬为漕运整合水源，对昆明湖加以扩浚，扩大了西湖的面积，始称瓮山泊。至元二十八年（1291年），郭守敬在开凿通惠河时，将瓮山泊作为运河上游的调节水库，再次挖凿扩建，并通过玉河引玉泉、白浮

堰引昌平白浮泉等入泊，并于至元二十九年（1292 年）修筑了 10 里长的西堤。工程完成后，水面扩大了数十倍，通过上、下二闸控制进出水。在雨洪季节，北部可通过清河泄洪。

明代湖中多植荷花，周围水田种植稻谷。因为这一带风景优美，山水俱佳，明朝时有文人雅客赞美其"宛如江南风景""一郡之盛观"。初春湖冰消融以后，岸边亭畔桃红柳绿，气象万千。昆明湖的最南端呈收拢状，逐渐汇聚于绣漪桥，昆明湖水便从这座桥下注入通往北京城的长河之中。沿湖岸向北，宽阔的湖面上微波涟漪，清风徐徐，袅袅的水汽滋润着干涸了整个冬季的北京城。

几百年来昆明湖为北京的城市供水、航运、农业灌溉、防洪起到了关键性的作用。昆明湖西面的团城湖是未来南水北调工程的终点，也是北京城市水系最重要的组成部分。

图3-20 昆明湖畔的苏州街（张曼胤摄）

图3-21 昆明湖秋韵（毛虫摄）

三 游憩都市湿地
享受闹中取静的安宁闲适

❖（一）奥海

奥海是融奥运文化和北京传统帝都文化为一体的文化湿地。奥海位于奥林匹克公园中轴线的北端，背依主山，南临森林公园南入口，是奥林匹克森林公园内最大的集中汇水区，面积达 0.24 平方公里，也是公园内最大的湿地景观区，东及东北向分别与碧玉公园水系、洼里公园水系相连，跨过主山则与清河导流渠相接，最终形成丰富多彩的湿地景观。

图3-22 奥林匹克森林公园·浅滩（何建勇摄）

图3-23　奥林匹克森林公园·曲折水道（张曼胤摄）　　图3-24　香蒲丛中观鸟台（张曼胤摄）

　　奥林匹克森林公园的湿地景观区种植了大片的芦苇、香蒲、球穗莎草、菖蒲和美人蕉等湿地植物，在微风吹拂下沙沙作响，置身于其中让人恍如身在水乡。公园中的湿地充分发挥了净化作用，将清河污水处理厂引来的中水进行处理为公园提供景观用水；景观湿地则栽植了大量荷花等观赏性较强的水生植物。湿地植物的种植划分为沼泽植物区、浅水植物区、沉水植物区以及混合种植。沼泽植物区位于整个水系统的上游，以芦苇群落、香蒲群落为主体，种植相关伴生植物——黄菖蒲、荷花、泽泻、慈姑、花叶水葱、千屈菜等；浅水植物区位于地段北侧，此处水流较为缓慢，符合浅水植物对于静水的要求，植物以槐叶萍群落、紫萍群落以及白萍群落为主，种植相关伴生植物——荇菜、水罂粟、凤眼莲、萍蓬草、睡莲等；沉水植物区位于地段东侧的生态鱼塘处，充分利用部分沉水植物适合做鱼虾饲料的特性，品种以菹草群落、苦草群落为主，种植相关伴生植物——水毛茛、金鱼藻、水藓等；混合种植区位于湿地生物展示区中心，若干小岛的组合为植物提供了丰富的生长空间，根据植物对水深等条件的不同要求，种植观赏性较强的各类湿地植物，并通过植物的遮挡为野生动物提供栖息的空间。

　　这里是奥运精神的纪念地，更是人们休闲游憩的旅游胜地。湿地景观区是游人亲水的一个重要景点。区内，流水层层跌落的跌水花台，不但具有清洁水体的作用，同时高低不同的水台也造成了音响不同的小瀑布。水波粼粼映照着在水面摇曳的鸢尾花，贴近水面的跌水花台木栈道，使游人可以近距离地观察水生植物的生长，欣赏水生生物的嬉戏。走在湿地之间，人们不仅能看到漂亮的芦苇、菖蒲、水葱等水生植物，还能发现一条条欢快畅游的小鱼，甚至不经意间还会被芦苇丛中一飞冲天的白鹭惊扰一番。

图3-25 奥林匹克森林公园·栈道与湿地植物（何建勇摄）

◆（二）翠湖

如果你没到过这里，很难想象在北京这样一个人口密集、高度发达的国际化大都市，还有这样一片可供人们游憩放松的安宁空间。翠湖湿地位于海淀区上庄镇，与稻香湖、上庄水库同属一个水域系统，其独特的自然形态，宛如嵌在京城中的一块绿色"翡翠"。这里环境优美，湖水清澈，水生植物丰富，成为候鸟在北京过冬或中转南迁的优选之地。

翠湖湿地有溪流、沼泽、天鹅湖、雁鸭湖、鸟岛、芦苇荡、滩涂、荷花池、坡地、稻田等景点，还有观景亭、观景桥等辅助设施。

沿环湖小路漫步，一色的碧绿铺满四周，路旁的翠柳拂面，好像戎装的卫士守护着这片净土。

乘船沿着曲折幽静的水道前行，池内大面积各色荷花和睡莲簇拥，它们有的平卧水面，有的亭亭而立，高高地凌驾于绿叶之上，纯洁剔透，把水面点缀得绚丽多彩。此时，不由得让人想起宋人杨万里的送行诗《晓出净慈寺送林子方》中的诗句："毕竟西湖六月中，风光不与四时同。接天莲叶无穷碧，映日荷花别样红。"

图3-26 翠湖湿地·水中花丛（商晓静摄）

图3-27 翠湖湿地公园（崔丽娟摄）

❖（三）玉渊潭

玉渊潭分东、西两湖，湖水荡漾，绿树成荫。早在金代，这里就是金中都城西北郊的风景游览胜地；辽金时期，这里河水弯弯，一片水乡景色。《明一统志》载："玉渊潭在府西，元时郡人丁氏故池，柳堤环抱，景气萧爽，沙禽水鸟多翔集其间，为游赏佳丽之所。"由于地势低洼，西山一带山水汇集于此。清乾隆三十八年（1773 年）浚治成湖，以受香山新开引河上水。又在下口建闸，蓄泄湖水，引河水由三里河达阜成门之护城河。新中国成立后，于 1956 年在玉渊潭南面修建了一条长 1200 多米、宽 22 米的河道，属永定河引水工程的一段，又开挖了一个葫芦状的新湖，因由解放军驻京部队义务劳动挖成，故取名为八一湖。新湖建成后，提高了蓄水能力，水面宽广，当时周边居民较少而成为众多水禽的栖息地。清澈的湖水有游弋水禽相互嬉戏而显得生机勃勃，樱花园因为有碧水环绕的小岛而增添了各个季节的风韵和层次：初春有鸟早知水暖、入夏有风轻送荷香、临秋天高芦苇瑟瑟、冬有祥和萧爽可引人入胜。

1960 年，北京市政府正式定名其为玉渊潭公园，经过多年来的建设和归属变迁，逐步形成了新型的市级综合性公园。公园东西宽 1820 米，南北长 1106 米，规划总面积 1.37 平方公里，其中水域面积 0.61 平方公里，分东、西两湖，南面是八一湖。建成绿地面积 0.74 平方公里（含草坪），绿化覆盖率达到 95% 以上，园内现有各种植物约 19.95 万株。园内建设了环湖路，还建了游廊点景建筑，逐步丰富园容。玉渊潭不仅景色宜人，环境清幽，树木茂密，为盛暑纳凉、游泳、划船的场所，而且在北京水利工程上起着引水、调洪的作用。

玉渊潭在府西，元时郡人丁氏故池，柳堤环抱，景气萧爽，沙禽水鸟多翔集其间，为游赏佳丽之所。

图3-28 玉渊潭 人鸟和谐（张谊佳摄）

图3-29 玉渊潭·踏青赏花（张谊佳摄）

玉渊潭景区主要由西部樱花园、北部引水湖景区、南部中山岛、东面的留春园等组成。这里水阔山长，得天独厚的环境和近代较少的大规模建设历史，成就了山上杨槐林立，水岸垂柳依依，湖边水草茂盛的自然野趣风格。目前公园每年春季举办国内知名的"樱花赏花会"，荟萃2000多株樱花的"樱花园"，在春风中树树绯云绛雪，赏花人潮如溶溶春水涌动，成为京城早春特有的景致。

图3-30 玉渊潭·垂柳（张谊佳摄）

图3-31 玉渊潭鸟瞰（毛虫摄）

四 追踪沟域湿地
开启山清水秀的世外桃源

沟域湿地分布于两山间低洼狭窄处，多由地质构造、流水或冰川等作用形成，其间有河流、泉水等分布。沟域湿地水的来源除了天然降水、上游来水外，还来自地下渗水、沟域两山之间的汇水。沟域湿地植被多呈条带状分布，从两山向谷底依次为旱生植被、中生植被、湿生植被和水生植被。北京沟域湿地分布较多，如怀柔的白河湾、雁栖不夜谷、夜渤海，密云的贾峪湿地，门头沟的黄岩沟、妙峰山玫瑰谷，延庆四季花海沟、千家店，房山南窖沟域等。

◆（一）白河湾湿地

白河湾湿地地处怀柔的崇山峻岭之中，由怀柔区域内的白河和琉璃河两条主要水系组成，从山上望去，白河湾湿地犹如一条逶迤前行的巨龙盘踞在山谷间。白河湾湿地长19公里，形成若干个可供观赏游玩的湿地景观，并在白河北和青石岭交汇成宽大的水面，水生植物生长繁茂，水下鱼类资源丰富，景色十分优美，形成了北京难得一见的两河交汇处的湿地景观。白河大峡谷历来受到北京户外爱好者的钟爱，是京郊著名的

图3-32 白河湾湿地·漫滩（张曼胤摄）

图3-33 白河湾湿地·河畔山杨林（张曼胤摄）

图3-34 密云白河大峡谷（高武摄）

自然湿地、漂流佳地、游览胜地。

湿地与人文的结合在这里浑然天成。"山与水结合、文化与村庄结合、一产与三产结合"的白河湾农业公园，遵循"养生、休闲、健康"的根本理念，以清洁自然的河道、错落有致的村庄、鲜花烂漫的乡村道路，让游客充分感受大自然的和谐与美丽。新修建的春夏秋冬广场，突出了白河湾养生福地的主旨，天地人广场更是中国人养生的思想理念和现代养生科学的结合，让游客在游玩当中能体会到传统养生之道。值得一提的是，从前安岭村到双文铺、八宝堂一路沿河而上，天然的湿地景观尽收眼底。别致的索桥随风摇荡在芦苇丛间，碧水之上，自然质朴的小木桥在河水边、山脚下蜿蜒，精致的景观小品点缀其间，沿河流边缘设置的鹅卵石小道，充分满足了游人的亲水需求。游人可在水边嬉戏，品味不同的水生植物种类由水至岸的更替，观赏水中的鱼儿在交织的水草间穿梭。

白河湾湿地已经成为北京发展沟域经济的典型代表。在河岸不远处有双文铺村和八宝堂村，游客们可以住农家小院、品养生大餐、观山水美景、捡山上鸡蛋、摘园中水果，欣赏由村民们亲手制作的各种奇石、根雕、艺术陶瓷、手工编织品、刺绣等，让游客在繁杂的城市生活中体验休闲健康的民俗生活。

❖ （二）贾峪湿地

贾峪湿地位于密云石城镇北部的贾峪村，距密云县城40公里，所在山区属云蒙山系，享誉"黄山之美"，终年不断的白河水从村前流过，河岸线绵延3公里之长。古时该村东山口驻有官兵，有一将领经常来此卸下盔甲休息，故有甲峪之称，后谐音称贾峪。这里环境优美，景色迷人，一面是千尺悬崖瀑布、郁郁丛林和巍巍青山，一面是古道白河湾和贾峪民俗村，独特的地理位置和良好的自然环境为旅游创造了条件。贾峪湿地内的清凉谷以水量足、潭瀑密度大、瀑高且奇特著称于世。即使是在旱季，游人至此都可以观看到蔚为壮观的清潭飞瀑。其间还分布着形状各异、大小不一的五瀑十三潭，有的像勺子，有的像杯子，有的像眼镜，潭瀑密集度在京郊罕见。高86米的千尺珍珠瀑呈水帘状自上而下，数米外皆可感受阵阵清凉。瀑布后面有一处200多米长的山洞，游人可穿过瀑布进洞参观，堪称奇观。

水因山活，山因水动。贾峪湿地内的白河自燕山山脉西北引泉而出，蜿蜒百里，与周围峻岭秀林相映成趣，千尺白云瀑陡然跌落绝壁之中，飞流直下，瀑似白云朵朵，随景畅想，恣意洒脱。独特的自然风光，淳朴的民风民情，丁净舒适的农家旅舍，地道的农家特色菜，远离城市喧嚣回归大自然。其辖区内分布的清凉谷风景区位于贾峪村域内，以潭瀑松石等自然风光著称，是一处集住宿餐饮、娱乐休闲、景区游览于一身的综合性旅游度假区。清凉谷水上娱乐在众多景区中更是独树一帜，水上拓展项目丰富多彩：竹筏戏水、水上钢丝、水上网格等，具有趣味性、竞技性，既放松身心又锻炼身体。贾峪湿地生态旅游最吸引游客的是湿地的生态美，朴实无华的原住民和多年沉积的民俗文化，已经成为京城独特的人文风情和湿地生态旅游的一道风景线。

图3-35　白河湾湿地·泛舟（张曼胤摄）

❖ （三）黄岩沟湿地

黄岩沟湿地位于门头沟雁翅镇。沟口重峦叠嶂，山峰笔直，夕阳西下时，碳酸盐石崖呈现出黄色山体，极目远眺，橙黄色的山体在水波的映照下更加秀丽多姿，黄岩沟因此而得名。"泉眼无声惜细流，树阴照水爱晴柔。"（杨万里《小池》）黄岩沟湿地泉水汩汩，溪水潺潺，植被茂密，奇峰异石，景色宜人。沟口的湿地公园有 0.21 平方公里，永定河水面和水生植物与黄色山体构成魅力山水画卷。有水也就孕育出当地居民的水文化，有以井水滋养而闻名京西的碣石村，村中 72 眼古井纵横分布。另有 600 年悠久历史的苇子水村，四面环山，九龙八岔，植被茂盛，地质多样，奇峰怪石，深谷幽涧，为古代居民依山而建。在这里不仅能享受到四季变换的多样景色，更能享受幽静的环境和天然氧吧给人带来的健康与愉悦。

图3-36 黄岩沟（赵欣胜摄）

　　清水尖、笔架山与永定河、清水河等山河交错相依，构成了黄岩沟湿地的基本骨架。这里是永定河和清水河的交汇点，永定河穿山而过，水流冲积出山间一系列的峡谷，加上峡谷里的300多条支流，形成了树枝状的沟谷系统。受中纬度大陆性季风气候和山地地形的影响，这里夏季气候温暖，雨量适中。冬季漫长严寒，却有着山舞银蛇、原驰蜡象的北国风光。春秋两季则温和宜人，或细雨柔风、百花盛开，或天高云淡、红叶满山。由于多年来没有依山开采和长期的荒山绿化，植被保护得很好，具有保存完整的古村落景观和丰富多样的民俗文化。"见汝小溪湾，修竹连疏影。林杪动风声，惊下毵毵粉。见汝大江郊，高浪摇枯本。飞雪密封枝，直到斜阳醒。"（宋·王质《生查子》）今天的黄岩沟湿地依然保持着朴素、恬静的山乡风貌。黄岩沟湿地西北珍珠湖，因永定河上游珠窝水库的兴建而成，又因湖内生长的河蚌数量多且大而得名，是典型的高峡平湖，有"京西小三峡"的美誉。湖水清澈澄净，两岸层峦叠嶂、林木丰茂，泛舟湖上，荡舟垂钓，寄情山水，别有一番韵致。位于黄岩沟湿地马套村西的南石洋大峡谷，是一条纵深数十里的沟谷，地势险要，天然形成众多景点，两侧悬崖陡壁，百米高的山峰夹着数米宽的沟谷，谷底狭长，一路下去徘徊10多公里，难见阳光，当地老乡称之为"黑沟"，峡谷中部则宽阔得令人诧异。谷中植被茂盛，有上百种名贵药材和食用菌、山野菜等植物。山峰笔直挺立，奇峰怪石比比皆是。目前，黄岩沟湿地的南石洋大峡谷已成为雁翅镇重点开发的旅游项目和具有代表性的旅游景点。

　　黄岩沟湿地周边还分布着明清时期修建的庙宇。其中，比较闻名的是有关祭祀和生产的五道庙、关帝庙、山神庙、龙王庙等，山神庙村就是一个以庙命名的村庄。此外，还有一些规模较大的寺院，如杨村和珠窝村的娘娘庙、大村的得胜寺等曾香火旺盛，然而随着时间的推移，除淤白村的白瀑寺等得以完整保存外，其他大的寺庙都逐渐衰败了，只留下些许遗迹供后人凭吊。

图3-37　黄岩沟湿地（刘丽君摄）

五 探险地下湿地
体验光怪陆离的神秘洞穴

在国际《湿地公约》中，内陆岩溶洞穴水系属于自然内陆湿地的一种类型，其形成是石灰岩地区地下水长期溶蚀的结果，石灰岩里不溶性的碳酸钙受水和二氧化碳的作用能转化为微溶性的碳酸氢钙。由于石灰岩层各部分含石灰质的多少不同，被侵蚀的程度不同，就逐渐被溶解分割成互不相依、千姿百态、陡峭秀丽的山峰和奇异景观的溶洞，多分布有地下暗河和地下湖泊等。

◆ （一）京西石花洞

石花洞位于北京市房山区境内，距市中心 50 公里，是房山世界地质公园的溶洞群观光区，也是中国四大名洞之一和地学知识科普教育基地，素有"中国最佳溶洞奇观"称号。明正统十一年（1446 年）由比丘圆广法师发现，先后得名"潜真洞""十佛洞""石佛洞"，后因洞内石花锦簇，故取名"北京石花洞"。

石花洞发育在中奥陶系马家沟组石灰岩中。大约在 7000 万年前华北发生了造山运动，北京西山就此而形成，而后碳酸岩逐渐被溶蚀成一系列的岩溶洞穴，石花洞就是这样形成的。目前已发现此洞有 6 层，层层相连，洞洞相通，6 层溶洞总长度达 3000 多米。石花洞规模与景观更胜桂林的芦笛岩与七星岩，洞内钟乳石千姿百态，美不胜收，为北国极为罕见的地下溶洞奇观。现已开放的有第一层和第二层，第一层长 348 米，有 6 个大厅；第二层长 833 米，有大厅和 3 股岔道，两层垂直距离为 40 米，约 14 层楼的高度。

石花洞内有滴水、流水和停滞水沉积而成的高大洁白的石笋、石竹、石钟乳、石幔、石瀑布、边槽、石坝、石梯田等；有渗透水、飞溅水、毛细水沉积形成的众多石花、石枝、卷曲石、晶花、石毛、石菊、石珍珠、石葡萄等；也有许多自然形成的造型，如海龟护宝、晶莹的鹅管、珍珠宝塔、采光壁等，众多的五彩石旗和美丽的石盾等；此外，还有大量月奶石莲花在洞穴中首次发现。奕绘（1799—1838 年）在《探潜真洞》中写道："斯山洞凡入，潜真最幽寂。柳色绿参差，杏林红幂历。绝壑临涧阴，石柱之仙宅。悬宅垂钟乳，森森似剑

图3-38 石花

图3-39 雪松树挂

载。内门不可入，野老贪所获。虫行入自穴，云有千间辟。为我采石髓，干涧如玉液。乃知古人书，往往多实迹。归途望南岭，冰雪千尺积。平生亦何幸，得遂山水癖。"

　　石花洞地区的岩溶洞穴地质形态是地球演化漫长历史的一个缩影，给人类留下了研究地质形成历史的空间。石花洞内的题字、诗文、摩崖石刻佛像，记录了前人在此地探寻大自然奥秘的佳话，也记载了石花洞地质演化与人类历史共同发展的历程。漫步石花洞，处处令人眼花缭乱，目不暇接，就像走进了巨蟒之腹，时而狭径百转，山重水复疑无路，时而豁然大观，柳暗花明又一村，那高耸的厅堂犹如巨蟒蠕动时突起的肌峰……如果没人引导，真怕走不出这座地下迷宫。清代顾太清（1799—1876年）曾与奕绘贝勒一同探访石花洞，并留有诗文，即《访潜真洞》："入谷探幽邃，春光正及时。山溪流水慢，老杏作花迟。一自仙人去，千年钟乳垂。浮生容易过，行乐且题诗。"足见石花洞在文人墨客心中的地位。

图3-40　洞天三柱

❖（二）京东大溶洞

京东大溶洞坐落于平谷区黑豆峪村东侧，西距北京城区90公里，因其为京东地区首次发现，故名京东大溶洞。"赏天下奇观，解千古之谜"，京东大溶洞发育于中元古界长城，系高于庄组白云岩地层，距今大约15亿年，大溶洞洞体岩石奇特，号称"天下第一古洞"。洞内四季恒温，冬暖夏凉，可供游客饮茶、品酒、修身养性。此外，景区还为游客普及各种地质科普知识，使游客对溶岩景观的形成、构造有更深的了解。京东大溶洞狭险幽深，壁立万仞，平阔如台，高耸连云。有联赞曰："探溶洞感受神秘清幽，观溶岩尽览光怪陆离"。洞内景观晶莹剔透，绚丽多姿，有石管、石笋、石珍珠、石钟乳、石塔、石幔、石人、石兽、石花等。京东大溶洞外围的旅游区四季景致各不相同，春时山花烂漫，百鸟鸣啭；夏时清风和煦，爽利畅怀；秋时万山红遍，层林尽染；冬时冰凌高悬，银装素裹。四季所见所闻所感迥然不同，又各得佳妙。

京东大溶洞最具特色的是其洞壁上可见宛如浮雕的"龙绘天书"，或似片片浮云，或如朵朵莲花，或如簇簇巨蘑，形态奇特，为国内外罕见。其形成机制与钟乳石相似，都是由含矿物质的水滴凝成，但由于石壁正好处于一个合适的角度，在水滴的流量、压力、温度诸多因素巧合作用下，大自然在此绘上美丽天然的"图腾"。京东大溶洞洞中的"寿星赐福"景观晶莹剔透，绚丽多彩，使观光休闲的游人深刻体会到大自然巧夺天工的造化，是游人亲近湿地，领略溶洞奇特景观的绝佳景点。而洞中的"鲲鹏傲雪"溶岩，其景色瑰丽，尽显溶洞魅力，让人神往。此外，大溶洞还有一处造化惊人的"西风卷帘"景点，其形成是石灰岩地区地下水长期溶蚀的结果，犹如风过帘起的景观，因此得名。

注：本节图片由京东大溶洞和京西石花洞国家地质公园提供。

图3-41 京东大溶洞之一

图3-42 京东大溶洞之二　　　　　图3-43 京东大溶洞之三　　　　　图3-44 京东大溶洞之四

专栏11

《湿地公约》中的湿地分类

（1）天然湿地

海洋／海岸湿地

A——永久性浅海水域：多数情况下低潮时水位小于6m，包括海湾和海峡。

B——海草层：包括潮下藻类、海草、热带海草植物生长区。

C——珊瑚礁：珊瑚礁及其邻近水域。

D——岩石性海岸：包括近海岩石性岛屿、海边峭壁。

E——沙滩、砾石与卵石滩：包括滨海沙洲、海岬以及沙岛；沙丘及丘间沼泽。

F——河口水域：河口水域和河口三角洲水域。

G——滩涂：潮间带泥滩、沙滩和海岸其他咸水沼泽。

H——盐沼：包括滨海盐沼、盐化草甸。

I——潮间带森林湿地：包括红树林沼泽和海岸淡水沼泽森林。

J——咸水、碱水泻湖：有通道与海水相连的咸水、碱水泻湖。

K——海岸淡水湖：包括淡水三角洲泻湖。

Zk（a）——海滨岩溶洞穴水系：滨海岩溶洞穴。

内陆湿地

L——永久性内陆三角洲：内陆河流三角洲。

M——永久性的河流：包括河流及其支流、溪流、瀑布。

N——时令河：季节性、间歇性、定期性的河流、溪流、小河。

O——湖泊：面积大于 $8hm^2$ 的永久性淡水湖，包括大的牛轭湖。

P——时令湖：大于 $8hm^2$ 的季节性、间歇性的淡水湖，包括漫滩湖泊。

Q——盐湖：永久性的咸水、半咸水、碱水湖。

R——时令盐湖：季节性、间歇性的咸水、半咸水、碱水湖及其浅滩。

Sp——内陆盐沼：永久性的咸水、半咸水、碱水沼泽与泡沼。

Ss——时令碱、咸水盐沼：季节性、间歇性的咸水、半咸水、碱性沼泽、泡沼。

Tp——永久性的淡水草本沼泽、泡沼：草本沼泽及面积小于 $8hm^2$ 的泡沼，无泥炭积累，大部分生长季节伴生浮水植物。

Ts——泛滥地：季节性、间歇性洪泛地，湿草甸和面积小于 $8hm^2$ 的泡沼。

U——草本泥炭地：无林泥炭地，包括藓类泥炭地和草本泥炭地。

Va——高山湿地：包括高山草甸、融雪形成的暂时性水域。

Vt——苔原湿地：包括高山苔原、融雪形成的暂时性水域。

W——灌丛湿地：以灌丛沼泽、灌丛为主的淡水沼泽，无泥炭积累。

Xf——淡水森林沼泽：包括淡水森林沼泽、季节泛滥森林沼泽、无泥炭积累的森林沼泽。

Xp——森林泥炭地：泥炭森林沼泽。

Y——淡水泉及绿洲。

Zg——地热湿地：温泉。

Zk（b）——内陆岩溶洞穴水系：地下溶洞水系。

（2）人工湿地

1——水产池塘：例如鱼、虾养殖池塘。

2——水塘：包括农用池塘、储水池塘，一般面积小于 $8hm^2$。

3——灌溉地：包括灌溉渠系和稻田。

4——农用泛洪湿地：季节性泛滥的农用地，包括集约管理或放牧的草地。

5——盐田：晒盐池、采盐场等。

6——蓄水区：水库、拦河坝、堤坝形成的一般大于 $8hm^2$ 的储水区。

7——采掘区：积水取土坑、采矿地。

8——废水处理场所：污水场、处理池、氧化池等。

9——运河、排水渠：输水渠系。

Zk（c）——地下输水系统：人工管护的岩溶洞穴水系等。

主要参考资料

潮洛蒙.北京城市湿地的生态功能和社会效益.北京奥运和城市园林绿化建设论文集，2002

戴斌，乔花芳.北京市旅游产业结构变迁：理论研究与实证分析.江西科技师范学院学报，2005(2)

龚慧娴.北京开发区发展与城市化的关系.清华大学学报（自然科学版），2005

韩昊英，邓奕，史慧珍.历史文化保护区确立初期北京旧城形态特征及变迁初探.中国建筑学会2003年学术年会论文集，2003

胡洁，吴宜夏，吕璐珊.北京奥林匹克森林公园竖向规划设计.中国园林，2006(6)

李美慧.北京城市综合公园功能变迁研究.北京林业大学学报（自然科学版），2010

刘剑，胡立辉，李树华.北京"三山五园"地区景观历史性变迁分析.中国园林，2011(2)

卢云亭.北京周边风光旅游科学指南.北京：中国林业出版社，1999

曲蕾.北京皇城物质环境的变迁与保护研究建筑史论文集（第16辑），2002

孙冬虎.演绎历史，承载京域文化变迁——剖析北京地名的"京味儿"价值.北京规划建设，2011(3)

王立龙，陆林.湿地生态旅游研究进展.应用生态学报，2009，20(6)

张如平.密云水库湿地建设浅谈.北京水利，2005(4)

赵方忠.生态密云旅游发展之思.投资北京，2010(6)

http://www.ramsar.org

第四章

湿地之恋

　　在北京的湿地分布图上，以永定河、潮白河、北运河等几大河流为"龙骨"，以众多小河为"脉络"共同织起了一张蓝色的北京湿地网络，官厅水库、密云水库、上庄水库等库塘湿地犹如蓝色的宝石镶嵌其上。

　　水岸荻柳迎风舞，河滩雁鹭啄鱼欢；

　　蓝天白云落碧水，游人疑是天宫仙。

　　湿地的诗意引发着人们的浪漫情怀，湿地的自然奥秘亦催生着人们对湿地的探索和求知欲望。然而，湿地不容乐观的现状也令我们担忧和牵挂，湿地或自然或人为的减少和破坏，更督促着我们肩负起保护的责任和使命。

图4-1　东沙河湿地（何建勇摄）

图4-2 湿地摄影大赛颁奖典礼（北京市园林绿化局供）

一 湿地之美，欣然悦之

美，是人们永恒的追求，湿地浓缩了大自然美的精髓，已经成为人们亲近自然、陶冶情操的载体，一幅幅如诗如画般的唯美湿地，使人们怦然心动、欣然向往……

春季，百鸟云集、生机盎然；

夏季，莲藕飘香、郁郁葱葱；

秋季，天高云淡、金黄璀璨；

冬季，银装素裹、洁白静谧。

❖ （一）撷取你心中的美丽湿地

以湿地建城的首都北京，星罗棋布的湿地构成了其独特的地理风貌，也承载和沉淀了北京厚重的历史文化，吸引着摄影家们追光逐影。

芦苇荡、蒲草丛在温暖明媚的太阳照射和水汽的氤氲润泽下，张扬着美丽的色彩；沉水植物的孔隙里，清澈见底的沙石上，还有枝杆纵横、弯曲摇曳的垂柳林，寄托着多少生命的期望；鹭鸟飞翔、蛙声鸟鸣，充满着大自然的古朴、野趣；漫步徜徉在蜿蜒湿地间的大路、小道上，清新干净的空气沁人心脾，让人浑身舒畅、通体泰然。这一切都成了摄影人聚焦的良好题材。

图4-3 青年湖湿地之旅（王建国摄）

北京有太多的湿地让我们心驰神往，你和你手中的相机还在等什么呢？无论是专业摄影家，还是业余摄影爱好者，只要在湿地环抱中以指尖按动快门，就能将湿地自然之美、生态之美、和谐之美的瞬间永恒地记录下来。

图4-4 人鸟和谐——什刹海（彭博摄）

专栏12

北京湿地现状

北京市湿地面积有 526.38 平方公里，占北京市土地总面积的 3.13%，主要分布在北京市的潮白河、永定河、北运河、大清河、蓟运河五大流域。根据《湿地公约》分类标准，北京湿地类型主要有永久性河流、时令河、永久性淡水草本沼泽、蓄水区、水产池塘、运河与排水渠、水塘、水稻田等 8 种湿地类型。北京湿地主要以蓄水区、永久性淡水草本沼泽为主，其次是河流湿地和水产池塘。北京市各区县均有湿地分布，但分布不均匀。其中湿地面积最大的区县为密云县，主要以蓄水区和河流湿地为主，湿地面积为 109.14 平方公里；湿地面积最小的是东城区，面积为 1.09 平方公里。

图4-5　永久性河流
（张曼胤摄）

图4-6　时令河
（张曼胤摄）

图4-7 排水渠（张曼胤摄）

图4-8 水产池塘（张曼胤摄）

图4-9 排水渠（张曼胤摄）

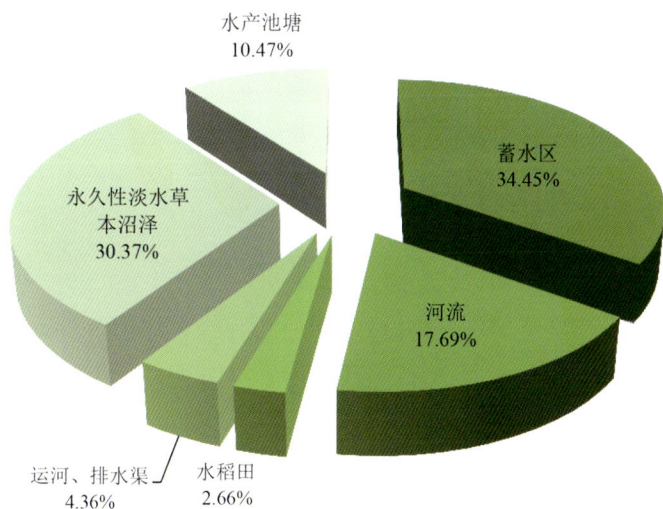

水产池塘
10.47%

蓄水区
34.45%

永久性淡水草
本沼泽
30.37%

河流
17.69%

运河、排水渠
4.36%

水稻田
2.66%

图4-10 北京湿地类型百分比

湿地面积（平方公里）

图4-11 北京市各区县湿地面积

　　2010年2月2日第14个"世界湿地日"，首届北京湿地摄影大赛在北京举办。作为献给第14个世界湿地日的礼物，摄影大赛倡导人们弘扬悠久的北京湿地文化。用丰富和欣赏湿地魅力的视角探索人与湿地和谐共处的佳境。众多湿地爱好者用镜头记录下北京独具特色的湿地景观，展现出湿地的生态魅力，表达了热爱湿地的激情。

图4-12　昌平区东沙河（李兆明摄）

图4-13　水韵——昌平公园（曾国全摄）

图4-14　金秋小溪（伍京生摄）

图4-15 冰雪世界中的翠湖湿地（李晓光摄）

❖（二）鸟之灵趣拉近人与湿地的距离

观鸟起源于欧洲，是一种专门针对鸟类的自然观察活动，强调在不惊扰鸟类活动的情况下，对鸟类进行观察欣赏，发展至今已有百余年的历史，并已成为一种被广泛接受的休闲生态旅游活动。湿地被誉为"鸟类的乐园"，很多珍稀水禽的繁殖和迁徙都依赖于湿地，因此，湿地往往成为人们观鸟的绝佳去处。北京业余观鸟活动始于1997年，是中国业余观鸟起步最早、人数最多的城市，延庆的野鸭湖湿地、顺义的汉石桥湿地、海淀的圆明园和福海等均留下了观鸟人的身影。

"三月桃花浪，江流复旧痕。朝来没沙尾，碧色动柴门。接缕垂芳饵，连筒灌小园。已添无数鸟，争浴故相喧。"（唐·杜甫《春水》）。走进湿地，白鹭、苍鹭就在不远的前方静候佳音，以最合适的距离与你共享一片葱郁的湿地；疲惫后抬头仰望天际，水中掠起的大雁不经意间已在天空中为你一字排开；还有在莲叶间嬉戏的黑水鸡，被惊吓后潜入水中的小䴙䴘，隔空飞来的夜鹭和牛背鹭……原来湿地水鸟就在你身旁。

鸟是目前存在于自然界中较容易为人类所接近的一类野生动物。湿地水鸟的形态丰富多彩，性情活泼好动，通过参与观鸟活动可以使人们进一步亲近自然，放松身心，树立正确的湿地保护观念；在观鸟过程中完成的观鸟记录还可以为鸟类学基础研究积累必要资料。

图4-16 湿地观鸟
（韩广奇摄）

图4-17 一家出行（杨连荣摄）

北京市每年都举行与湿地相关的各种形式的观鸟活动，参与者既有来自大专院校的师生，也有民间观鸟爱好者。通过举办观鸟活动、开展放鸟活动、观鸟比赛、知鸟认鸟亲子游等湿地文化活动，提高了广大公众识别鸟类的能力，增强了爱鸟护鸟的意识，为保护野生动物、维持生物多样性打下良好的群众基础。

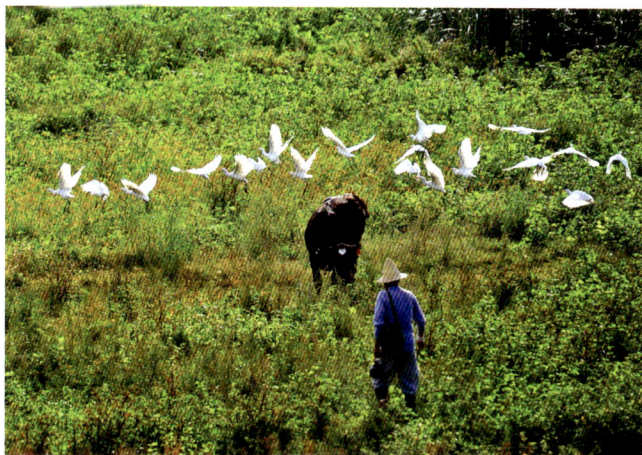

图4-18 近距离观鸟（贾思琦摄）

❖（三）湿地公园——满足人们的亲水天性

湿地公园是指拥有一定规模和范围，以湿地景观为主体，在保护湿地生态系统的基础上，兼顾湿地生态系统服务功能展示、科普宣教和湿地合理利用示范，蕴含一定文化或美学价值，可供人们进行科学研究和生态旅游，予以特殊保护和管理的湿地区域。湿地公园是湿地保护和合理利用的一种重要形式，具有特殊的生态、文化、美学和生物多样性价值，被认为是人类亲水天性在现代生活中的一种表现。湿地公园建设可以为周边居民提供更好的休闲、娱乐场所，改善当地居民的生活环境，也使人们远离城市的喧嚣及空气中的有害物质、灰尘和噪音，能显著提高人们的健康水平，并为周边地区区域经济发展提供良好的生态环境支持。湿地公园优美的环境更能陶冶情操，使人们心情愉悦、精神振奋，以饱满的热情投身于工作和学习中去，促进精神文明建设。

北京的湿地公园通过展示湿地生态系统、生物多样性和湿地自然景观等，为社区居民建立了"身边的湿地博物馆"，举足间便可欣赏湿地，了解湿地，享受湿地，从而扩大湿地在社会公众中的影响，尤其为大中小学生提供了良好的生态教育基地，这将有效地密切自然环境与人类的关系，提高公民的湿地保护意识和科学认知水平，使湿地保护转化为自觉行动。

图4-19 北运河畅游
（陈仲德摄）

图4-20 湿地探险（韩广奇摄）

图4-21　青年湖公园（王建国摄）

图4-22　北京植物园内的湿地（张曼胤摄）

图4-23　奇石舟影（曾国全摄）

二 青青子"今",悠悠我心

知行感悟湿地,爱我地球母亲。湿地,像肾一样维系着地球的净化功能!从20世纪90年代开始,首都人就开始关注湿地的保护和恢复,并根据首都特点和湿地资源现状,以保护为前提,以维护湿地生态系统健康、保护湿地功能和生物多样性为基本出发点,提出通过建设湿地自然保护区、实施湿地保护与恢复工程、建设湿地公园等一系列措施,抢救性地保护和恢复一些重要湿地。为了恢复北京之肾,开展湿地保护和恢复已被视为一项神圣使命,并将其定位在紧紧围绕建设绿色北京和生态宜居城市上。

❖（一）保护地——给湿地生物一个安稳的家

泉水不见了,河水浑浊了,物种减少了,随之而来的是湿地消失了,取而代之的是烟囱、建筑、公路,日益萎缩的湿地被瓜分和蚕食着。如今,人们深刻地认识到湿地潜在的生态、社会、经济效益,大声地为保护湿地和恢复湿地呼喊,湿地的命运终于有了很大的转机——我们已经在退耕还湿,已经加大了湿地污染治理和湿地管理力度,以"壮士断腕"的勇气和决心"腾笼换鸟",对高污染、高耗能企业实行"关停并转",对湿地内乱修乱建、随意倾倒垃圾等破坏湿地的行为依法进行查处。

图4-24 汉石桥湿地一景（宋涛摄）

图4-25 黑鹳在拒马河山崖上栖息（高武摄）

　　湿地自然保护区是我国湿地保护体系的基本形式之一，建立保护区是保护湿地最有效、最直接的方式。我国政府十分重视湿地的保护和合理利用，20世纪70年代就在青海湖鸟岛、黑龙江扎龙建立了两个以保护水禽为主的湿地自然保护区。1992年我国加入《湿地公约》以后，将扎龙、莫莫格等多处湿地列入国际重要湿地名录，湿地保护工作也进一步展开。进入21世纪后，政府先后出台了一系列规划和计划，为湿地保护和管理指明了方向，北京的湿地保护也正是在这个大背景下展开的。早在1996年，北京就开始用建立自然保护区的方式来保护湿地（表4-1），先后保护了野鸭湖、汉石桥、拒马河、怀沙——怀九河、白河堡水库及金牛湖等多处湿地及生活在其中的鸟类，保护面积接近北京湿地总面积的1/4，保护鸟类近150多种。

　　湿地保护的另外一种模式就是建立湿地公园。这种模式可使湿地质量下降、面积减少的趋势得到有效遏制。

表4-1 北京市已经建立的湿地自然保护区

名称	面积（平方公里）	湿地面积（平方公里）	主要保护内容
野鸭湖	90.00	23.78	湿地、候鸟
汉石桥	16.00	1.726	湿地、候鸟
拒马河	11.25	7.045	水生野生动物
怀沙—怀九河	1.112	1.112	水生野生动物
白河堡水库	82.60	2.755	湿地、候鸟
金牛湖	10.00	0.671	湿地、候鸟

图4-26　野鸭湖冬景（彭博摄）

图4-27　白河堡湿地
保护区（张锦香摄）

❖ （二）湿地天使——湿地保护的志愿者

"湿地使者行动"是为提高公众的湿地保护意识而开展的大型公益宣传活动，旨在发动和组织全国高校的大学生环保社团和环保爱好者，利用节假日和课余时间开展湿地保护和宣传工作。2010年，北京市举办"湿地使者行动"，以"绿地图诠释湿地之美"为主题，以制作湿地绿地图的手段，让湿地使者们进入湿地、观察湿地、学习湿地，把湿地生态系统中的自然生境、动植物分布、文化景观，甚至环境破坏情况等信息标注在富有创意和个性的地图上，并通过湿地绿地图讲解和宣传湿地的重要功能、多重效益和保护湿地的意义，提高人们对湿地保护重要性的认识。

图4-28 放飞草鹭（北京市野生动物救护中心供）

图4-29 清除湿地中生长过密的藻类（陈仲德摄）

图4-30　打捞湿地中的腐烂的植物（陈仲德摄）

　　湿地使者行动还带动了许多民众加入湿地保护行列，促使一些学生、社会团体、政府机构、人民群众甚至学龄儿童都积极参加到湿地保护和管理当中，其人数和影响力日益增长。湿地使者行动具有高度的公益性、知识性，为充满理想的青年人提供了极有意义的锻炼和实践机会，吸引着越来越多的社团加入到行动中来。通过开展湿地使者行动大大促进了北京市大学环保社团建设，并不断地在学生中激起热爱自然、保护环境的热情；使一大批学生开阔了眼界，提高了湿地保护能力；针对湿地保护提出的众多合理建议，引起了社会共鸣，为推动北京市湿地保护和宣传工作贡献了一份力量。

❖ （三）小喇叭——湿地知识宣传展览

近些年，北京市广泛开展了湿地保护宣传教育工作，利用多种形式和途径开展湿地科普、湿地资源保护等宣传教育活动，强化社会各界对湿地的认识及保护意识，使社会各界的湿地保护意识逐步提高，在首都的湿地保护历程中，北京政府部门、学术专家以及民间团体和个人都为这一使命付出了自己的心血和汗水。

每年的"世界湿地日""爱鸟周""世界环境日""世界地球日""世界水日"等，北京市都会开展湿地基本知识、湿地资源保护等科普宣传活动，使得社会各界的湿地保护意识逐步提高。特别是每年的"世界湿地日"，北京都会举行与"世界湿地日"有关的主题宣传活动，通过发放宣传手册、讲解湿地展板、播放视频短片等多种形式向人们展示丰富多彩的湿地风貌，强调湿地在保护生物多样性、应对气候变化等问题上发挥的特殊作用。通过宣传活动让更多的北京市民关注身边的湿地，认识湿地的功能与作用，进一步提高湿地保护意识。

北京市还加强了保护区和湿地公园内的湿地图片资料展览、实物展览、技术培训、与湿地相关的电视节目制作、录像、电视片放映等设施的建设，通过标本、橱窗、宣传手册、宣传单页、录像、光盘等载体，向参观者和社区群众进行宣传教育。同时在部分保护区成立了社区共管委员会，吸收当地居民参加自然保护区管理工作。

图4-31　野鸭湖湿地博物馆（野鸭湖湿地博物馆供）

专栏13

历年世界湿地日主题

为了提高人们保护湿地的意识，1996年3月《湿地公约》常务委员会第19次会议决定，从1997年起，将每年的2月2日定为"世界湿地日"。每年开展纪念活动，每年有一个主题。从1997年以来历年湿地日的主题如下：

1997年世界湿地日的主题：湿地是生命之源（Wetlands: a Source of Life）；

1998年世界湿地日的主题：湿地之水，水之湿地（Water for Wetlands, Wetlands for Water）；

1999年世界湿地日的主题：人与湿地，息息相关（People and Wetlands: the Vital Link）；

2000年世界湿地日的主题：珍惜我们共同的国际重要湿地（Celebrating Our Wetlands of International Importance）；

2001年世界湿地日的主题：湿地世界——有待探索的世界（Wetlands World-A World to Discover）；

2002年世界湿地日的主题：湿地：水、生命和文化（Wetlands: Water, Life, and Culture）；

2003年世界湿地日的主题：没有湿地——就没有水（No Wetlands-No Water）；

2004年世界湿地日的主题：从高山到海洋，湿地在为人类服务（From the Mountains to the Sea,Wetlands at Work for Us）；

2005年世界湿地日的主题：湿地生物多样性和文化多样性（Culture and Biological Diversities of Wetlands）；

2006年世界湿地日的主题：湿地与减贫（Wetland as a Tool in Poverty Alleviation）；

2007年世界湿地日的主题：湿地与鱼类（Wetlands and Fisheries）；

2008年世界湿地日的主题：健康的湿地，健康的人类（Healthy Wetland, Healthy People）；

2009年世界湿地日的主题：湿地与流域管理（Wetlands and River Basin Management）；

2010年世界湿地日的主题：湿地、生物多样性与气候变化(Wetlands, Biodiversity and Climate Change）；

2011年世界湿地日的主题：湿地与森林（Wetlands and Forests）；

2012年世界湿地日的主题：湿地与旅游（Wetlands and Tourism）。

2013年世界湿地日的主题：湿地与水管理（Wetlands and Water Management）。

图4-32　2011年世界湿地日海报

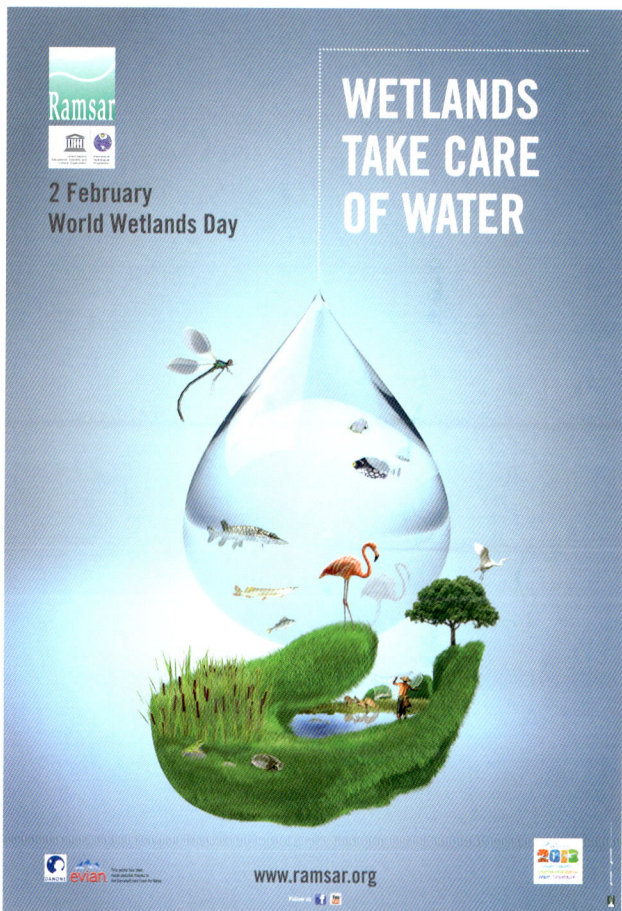

图4-34　2013年世界湿地日海报

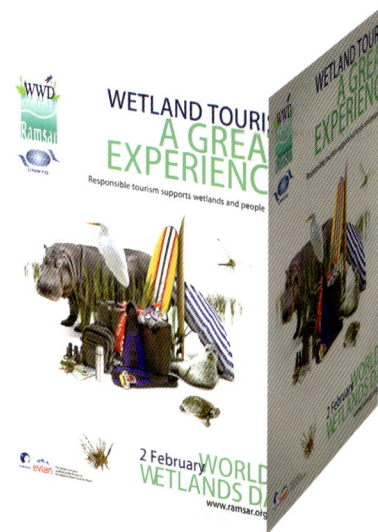

图4-33　2012年世界湿地日海报

　　作为湿地宣传的重要载体——湿地博物馆是典藏、陈列和研究代表湿地和人类文化遗产的实物场所，并对有科学性、历史性或者艺术价值的湿地物品进行分类，为公众提供湿地知识、教育和欣赏的场所、地点或者社会公共机构。湿地博物馆建设可以使公众更好地了解湿地、走进湿地、认识湿地，从而普及湿地知识，激发公众爱护湿地、保护湿地的积极性和主动性。

　　野鸭湖湿地博物馆作为首都湿地保护工程的标志性建筑和展示首都湿地保护工作成果的窗口，其占地面积 6660 平方米，建筑面积 3650 平方米，由序厅、认识湿地厅、野鸭湖湿地厅（包括鸟类展厅）、保护湿地厅、环幕影厅和临时展厅 6 个厅组成，有文字介绍近 2 万字，图片 200 多张，各类动植物展示标本约 200 件。野鸭湖湿地博物馆已成为向人们宣传湿地保护知识的阵地、中小学生科普教育的课堂、湿地管理人员培训的基地和对外合作交流的平台。通过设置在博物馆中的文字、图片以及标本使参观者深刻体会和了解了湿地构成以及现实情况。湿地博物馆对启迪、普及以及教育民众起着重要作用，特别是对青少年一代爱护湿地、关注自然极具深远影响。通过标本、图片、影像及地幕投影、幻影成像等高科技互动手段向游人介绍湿地知识，展示优美的湿地风光，使游人在"认识湿地""走进湿地"的过程中，感受到"保护湿地"的重要意义。

三　修缮补创，维以不永伤

　　北京湿地保护虽然取得了一些成效，但由于气候连续干旱、人口持续增长、城市建设的迅速发展，以及人们在生产生活中对湿地资源的过度需求，北京的湿地目前依然面临退化和减少的威胁，由此导致湿地的生物多样性、涵养水源、贮蓄洪水等生态功能逐渐下降。终于，北京醒悟了，开始为这片我们赖以生存的湿地加以治疗……

专栏 14

北京湿地面临的压力诠释

1. 水资源短缺压力

　　人口数量增加，导致用水需求增加，促使从湿地中提取的水量超过了湿地自身的蓄水能力，造成湿地水源短缺。

患者：沼泽湿地

向河流排放污水

别拦住我回家！

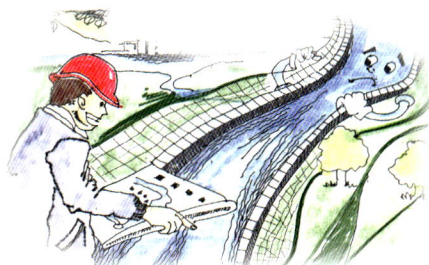

别给我穿上水泥盔甲

2. 污染压力

工业污水、生活污水的排放，农田面临污染和垃圾丢弃等，造成湿地污染物含量超过其自净能力，特别是氮、磷污染物排放加速了湿地水体富营养化，威胁湿地生态系统健康，影响湿地生物多样性。

3. 岸带硬质化影响

以往湿地整治，多采取硬质化的改造方式，为它们穿上"盔甲"（混凝土）。天然湿地的硬质化，使湿地的岸带滩涂消失殆尽，割裂了水体和陆地之间的联系，不仅使底栖、两栖等湿地动物完全丧失了栖息生境，而且也导致芦苇、香蒲等湿生植物缺少生长基质；湿地底层基质的硬质化，还破坏了湿地和地下水体之间的相互渗滤、补充和交换。

4. 水利工程建设压力

出于农业灌溉、发电及工业用水的需要，在河流上逐级修建拦水坝、水库和橡胶坝，将河流层层截断，严重阻碍河流正常生态功能，上游水流减缓、水质变差，下游因沉积物减少而退化，使依赖于河流湿地生存繁衍的湿地动植物减少甚至消失。

5. 土地资源开发压力

湿地周边往往是人类集中居住的区域，又由于湿地自身土地平坦肥沃，经常被开发为农田，或因景致优美交通便利被开发为居住用地，而经开发利用后，湿地被排水、破碎化，会导致严重退化。

❖（一）恢复湿地，唤醒湿地野性

进入新世纪以来，北京市加大了对湿地的保护和恢复力度。以湿地生态基质和湿地植物种植代替混凝土砌筑和人工草坪护岸，栽种湿地植物，恢复湿地植被和野生动物栖息环境，为水鸟等湿地生物提供生存繁衍的栖息环境；采用自然生态的恢复方法，弱化湿地中的人工痕迹；逐渐拆除湿地保护区、湿地公园中的废弃建筑物，清除污染源，合理配置湿地植物，采用乡土植物物种，使植物群落的物种的组成与湿地环境的自然演替过程相符合。

通过采取有效的湿地恢复措施，如今北京周边的湿地植被茂盛，野生动物数量明显增加，湿地已成为各种鸟类的"天堂"和"乐园"，苍鹭、白鹭、天鹅等水鸟已在北京野鸭湖、汉石桥等湿地自然保护区中安家落户和繁衍后代，它们或盘旋鸣叫于碧水蓝天，或栖息在芦苇丛中，或行走觅食于水边滩涂上。昔日引以为豪的众多湿地在人们的热盼中，正一天天、一点点地苏醒过来。可以说，湿地恢复措施使得湿地的美化环境、净化水质、调节气候及维持生物多样性等生态功能得到明显改善和加强，北京湿地又重新恢复了盎然生机。

图4-35 延庆西卓家营湿地恢复（张曼胤摄）

图4-36 为湿地"美容"（陈仲德摄）

恢复后

恢复前

图4-37　采砂迹地湿地恢复对比（张曼胤摄）

恢复后

恢复前

图4-38　采砂迹地湿地恢复对比（张曼胤摄）

❖ （二）研究探索，助力湿地恢复

湿地恢复的目标是恢复湿地原有的生态功能，发达国家早在20世纪70年代就开始了退化湿地恢复研究。我国的湿地恢复研究起步较晚，多集中于湖泊湿地与河流湿地恢复。进入新世纪，我国湿地生态恢复工作有了较大发展，在不同地区建立了湿地生态恢复示范区，取得了一些成功的经验。

图4-39 湿地研究
（张曼胤摄）

图4-40 为湿地健康进行
诊断（赵欣胜摄）

专栏 15

北京市科技计划重大项目"北京市湿地生态系统保护与恢复关键技术研究和示范"

"北京市湿地生态系统保护与恢复关键技术研究和示范"重大科技项目的研究成果对北京市湿地自然保护区建设、重要湿地的保护和恢复、湿地资源的可持续利用产生显著的示范和带动作用，满足园林绿化、水务、环保、公园管理中心等政府部门的科技需求，使北京市的湿地保护得到有效的科技支撑，湿地的综合效益得到充分发挥，湿地生态环境资源得到妥善保护和改善，实现经济建设与生态环境协调发展。项目共分 4 个课题：

课题 1："北京湿地资源综合评价与功能分区"课题完成了湿地基础信息数据库建设、北京及典型湿地基础分析、北京湿地资源价值评价指标体系建设、北京市野鸭湖湿地综合评价等工作。

课题 2："北京退化湿地恢复技术与示范"课题建成了退化湿地恢复技术示范基地，提出了湿地净化植物优化配置模式、人工浮岛模式以及"表流湿地 + 潜流湿地"污染湿地净化技术体系，进而提出了"水文联通 + 微地形改造 + 基质恢复 + 植被恢复 + 岸带护坡"退化湿地恢复技术体系，集成创新了现有的污染湿地净化技术。

课题 3："北京湿地生物多样性保护技术"课题提出了评价北京湿地生物多样性

图 4-41 北京湿地保护与恢复技术展（张曼胤摄）

及其保护状况和威胁的指标体系；完成了北京湿地生物多样性的主要威胁因子分析，确定了北京湿地生物多样性保护的关键区域；建成了湿地植物研究示范园；研发了湿地植物多样性重建的土壤种子库技术及其应用方法；初步完成了湿地鸟类栖息地选择的研究，进行了鸟类栖息地修复的规划。

课题4："基于3S技术的湿地资源管理信息平台建设"课题制定了湿地资源数据整合和集成规范，开展了湿地资源数据的收集和整理工作；开展了湿地信息管理服务平台系统需求调研，完成了系统需求分析报告；初步设计了湿地资源动态监测与变化预测技术方法。

北京湿地退化现状早已引起湿地学者们的关注，他们以专业所长，走进湿地，关注着湿地。北京先后立项完成了"北京湿地资源监测与评价研究""北京湿地生物多样性研究""北京湿地保护与恢复对策研究""北京市湿地生态系统保护与恢复关键技术研究和示范"等研究课题，推动了北京市湿地研究的深度和广度，为北京市湿地保护、恢复和管理提供了坚实的科学依据。特别是"北京市湿地生态系统保护与恢复关键技术研究和示范"，针对北京湿地生态现状，开展了退化湿地恢复中的关键技术研究，并在海淀、延庆、顺义等地建立了湿地恢复示范基地，为北京市全面开展湿地恢复工作提供了关键技术支撑。此外，北京市先后组织开展了两次湿地资源调查工作，通过调查确定了北京市湿地面积、湿地动植物种类及分布等状况，绘制了湿地分布图，并建立了湿地资源本底数据库。这些工作都为北京湿地保护和恢复工作提供了有效支撑。

❖（三）交流合作，聚焦北京湿地

随着经济和技术的快速发展，北京市利用学术会议、培训班、讲堂、专题报道、论坛、座谈等多种形式搭建起了较为完善的湿地保护与管理的交流平台，并能够切中热点共同解决湿地保护与恢复中的实际问题。通过媒体搭载，实现人们之间面对面地或者利用传媒点对点地进行交流，达到全民参与保护和管理湿地的目的。2011年，北京市成立了"北京湿地中心"，对提高政府部门依法、科学、民主决策水平，发挥首都科研力量雄厚、人才集中、智力密集和国际交往中心等优势具有重要意义，实现了在湿地科学研究、教育培训、对外合作、国际交流、学术研讨和技术推广等方面的资源共享，优势互补，促进了北京湿地保护能力和管理水平的全面提升，为"三个北京"和世界城市建设作出了新贡献。

北京每年都会举办一定规模的与湿地相关的保护恢复以及管理方面的培训班、学术交流会以及面向公众的宣教讲堂，来自国内外的专家学者、湿地保护与管理者以及湿地爱好者一起在这样的平台上交流各自的心得。通过参与者介绍自己的切身体验开展互动交流，与大家分享湿地保护和管理的经验，积极促进了湿地保护和管理的发展。

图4-42 国内外湿地保护与恢复专家在野外进行现场交流（张曼胤摄）

图4-43 湿地恢复国际学术交流会（张曼胤摄）

随着信息技术的不断成熟和完善，与湿地有关的观鸟网、湿地网等网络信息平台的构建拉近了人们之间的距离，使得人们不出家门也能够实现管理湿地的愿望。通过这些平台的搭建，实现了北京市全社会多方纳谏，共同保护湿地的目的。另外，作为开展湿地资源监测基础的湿地资源调查监测网络推动了北京市湿地监测信息的采集、上报以及对外交流，促进了湿地健康状况实时对外公布。

主要参考资料

崔丽娟，张曼胤，王义飞.湿地非使用价值评价研究.林业科学研究，2006(4)
崔丽娟，张曼胤，王义飞.湿地功能研究进展.世界林业研究，2006(3)
http://www.ramsar.org

Major References

主要参考资料

后记

北京湿地之生

"将欲歙之，必固张之。将欲弱之，必固强之。将欲废之，必固兴之。将欲取之，必固与之。"（《老子·三十六章》）将要收敛的，必先扩张；将要削弱的，必先强盛；将要废弃的，必先兴举；将要取走的，必先给予。老子的这句话虽不能简单地用在湿地保护中，但也提示我们，任何事情都有其两面性，万事万物之间不断发生着转化，并相生、相克。"生生灭灭"是自然法则。可以说，在现代社会，人类是引起自然生态系统循环涨落的根本原因之一；也启示我们，人类对湿地的利用必须合理，及时地呵护和修复，才能让湿地获得永生。

北京湿地退化早已引起人们的重视和关注，遏制湿地退化和恢复湿地已经成为北京市一项重要的工作。进入 21 世纪以来，北京市的湿地保护和管理工作按照国家关于加强湿地保护管理的精神和规划的要求，根据北京湿地现状和首都特点，先后出台和颁布了一系列湿地保护行动计划、法律法规、标准规范以及规章制度等，如《北京市湿地保护行动计划》（2001 年）、《北京市湿地保护工程规划（2001—2010 年）》（2002 年）、《关于加强本市湿地保护管理的通知》（2005 年）、《北京市湿地保护工程实施规划（2007—2010）》（2007 年）、《北京市级湿地公园建设指导书》（2009 年）、《北京市级湿地公园评估指导书》（2009 年）、《关于加强我市湿地公园建设工作的通知》（2010 年）、《北京市级湿地公园建设规范》（DB11/T 768-2010）及《北京市级湿地公园评估标准》（DB11/T 769-2010）等，鼓励全社会共同参与湿地保护，促进湿地有效保护与合理利用；2011 年《湿地公园管理暂行办法》开始实施，湿地公园和自然保护小区建设也已列入《北京市"十二五"园林绿化发展规划》。2012 年，《北京市湿地保护条例》的出台，更是为湿地保护和管理提供了坚实的保障。这些法律法规、规章制度、标准规范等湿地保护与管理体系的完善，使北京市大多数湿地得到有效保护，也标志着北京市湿地保护和管理进入一个新的时期。

一个城市如果以湿地为灵魂，那么这个城市又怎么会不充满活力呢？恢复京城湿地的自然风貌，使我们的都市成为宜居之城，呈现出人与自然和谐相处的

沙河水库湿地（曾国全摄）

美景。北京已经启动了大规模的湿地保护和恢复行动，正逐步形成"**以湿地自然保护区为基础，以湿地公园为主体，以湿地保护小区为补充**"的一系列湿地管理体系，犹如给湿地戴上一道"护身符"。北京先后实施的大规模湿地恢复工程，如新城滨河森林公园、北运河综合治理、永定河生态修复、野鸭湖和汉石桥湿地生态恢复等工程，逐渐恢复了海淀翠湖、西玉河，昌平沙河，朝阳马泉营等多处湿地。城区内的颐和园、圆明园、元大都遗址公园、三海子等公园内的湿地恢复工程，实现了这些公园内湿地植被及生境的恢复。湿地公园建设的大力推进被外界誉为首都近年来最大规模的湿地恢复行动，北京湿地已开始重获新生。

在全社会的关注和行动下，北京湿地中荻花、芦花的数量增加了，河水清了，鸟儿多了，植物茂盛了，各种湿地生物融洽相处，南迁水鸟云一样遮天蔽日的场景再现了"落霞与孤鹜齐飞，秋水共长天一色"。"烟雨苍茫美景汇，遍野青绿似春归"。欣赏湿地，最惬意的时刻应该是在夕阳灿烂的余晖里，看行云，观鸟归，听流水，蓦然回首，遥想古人也曾陶醉于美丽的湿地之中，心境悠然，这是一幅生机盎然的优美的山水画卷，这就是获得新生的湿地，北京将焕然一新。

健康的湿地生态系统（刘鸣绘）

汉石桥湿地（彭颖摄）

延庆妫水河湿地（何建勇摄）

主要参考资料

崔丽娟，赵欣胜，李胜男等.北京市湿地公园发展规划研究.中国农学通报，2011(17)

崔丽娟，鲍达明，肖红等.湿地生态用水计算方法探讨与应用实例.水土保持学报，2005(2)

李伟，崔丽娟，赵欣胜等.采砂迹地型湿地恢复过程中植物群落分布与土壤环境因子的关系.生态环境学报，2010(10)

Major References

本书中所引用图片已注明出处，部分图片为北京市园林绿化局举办的首届北京湿地摄影大赛获奖作品，在此一并致谢，如有遗漏失误之处，请图片作者与我们联系（cneco@163.com）。